生态纺织服装绿色设计研究

左洪芬◎著

吉林出版集团股份有限公司
全国百佳图书出版单位

图书在版编目（CIP）数据

生态纺织服装绿色设计研究 / 左洪芬著 . -- 长春 : 吉林出版集团股份有限公司 , 2023.8
ISBN 978-7-5731-4290-0

Ⅰ . ①生… Ⅱ . ①左… Ⅲ . ①生态纺织品 – 服装设计 – 研究 Ⅳ . ① TS941.2

中国国家版本馆 CIP 数据核字（2023）第 180457 号

生态纺织服装绿色设计研究
SHENGTAI FANGZHI FUZHUANG LÜSE SHEJI YANJIU

著　　者　左洪芬
责任编辑　王　宇
封面设计　李　伟
开　　本　710mm × 1000mm　　1/16
字　　数　218 千
印　　张　12.25
版　　次　2024 年 3 月第 1 版
印　　次　2024 年 3 月第 1 次印刷
印　　刷　天津和萱印刷有限公司

出　　版　吉林出版集团股份有限公司
发　　行　吉林出版集团股份有限公司
地　　址　吉林省长春市福祉大路 5788 号
邮　　编　130000
电　　话　0431-81629968
邮　　箱　11915286@qq.com
书　　号　ISBN 978-7-5731-4290-0
定　　价　73.00 元

作者简介

左洪芬 1983年7月生，河北省沧州人。本科毕业于河北科技大学，专业为服装设计与工程，取得工学学士学位；研究生毕业于江南大学，专业为设计艺术学，取得文学硕士学位。现任烟台南山学院纺织与服装学院副教授、纺织与服装学院学术委员会委员、中国纺织工业联合会教学成果奖评审专家。主要研究方向为纺织服装绿色发展技术、服装结构与工艺。授权国家发明专利5项、实用新型专利3项，主持山东省重点研发（软科学）项目1项、山东省传统文化与经济发展项目1项、纺织之光教学研究项目2项、烟台市哲学社会科学项目数项；发表SCI 1篇、CSSCI 2篇、北大核心论文10余篇；荣获全国美术作品展演大赛奖项10余项、中国纺织工业联合会教学成果奖2项。

前言

我国一直以来在纺织业方面具有丰富的实践经验。历史上，我国是最早发明和掌握纺织技术的国家之一，并一直推崇服饰文化。在西汉时期，纺织品的图案设计和制作技术达到了令世人瞩目的水平。在唐朝时期，更是服装款式繁多，制作精良，因此享誉全球。从古至今，我国纺织品和服装，尤其丝绸制品和相关生产技术一直享誉全球，这对于全球文明的发展产生了深远的影响，具有不可估量的意义。当前，我国仍保持着全球纺织品、服装制造业的龙头地位，成为最主要的生产和出口国。我国的纺织服装行业在促进国家经济发展方面扮演了重要角色，同时对全球纺织品服装贸易也发挥着重要作用。

随着时代的演进和科学发展观的出现，人们对生态环境和社会发展的关键作用有了更加深入的了解。若想推动国家整体进步、促进民族与自然和谐、实现可持续发展，必须着重加强生态建设和环境保护的工作。我国纺织服装产业正在努力实现强国目标，而未来纺织业的重心将放在生态纺织品的研究和制造上。

纺织服装产业的兴起体现了人类对工业化社会的反思，生态学也随之兴起并成为重要的消费理念，呼吁人们“返璞归真”“回归自然”，并对自然环境进行更加负责和可持续的经营。为了迎合消费者对生态纺织品的需求，纺织服装设计师需要重新审视自然界的资源，并遵循实用、安全、环保、可回收的设计理念来进行创作。

生态纺织服装的绿色设计需要重视产品生命周期的各个环节，旨在为消费者和社会创造环保、健康的产品，通过建立“产品—消费者—社会—环境”之间的协调关系，实现资源节约、能耗降低、环境污染减少等生态目标，营造自然、和谐的发展环境。

生态纺织服装的绿色设计是一个内涵丰富的系统工程，它至少包含以下几方面的内容：绿色生态时尚潮流的把握，服装原辅料的选择及生产过程，储存包装和市场营销，消费者或市场绿色消费理念的满足和政策法规的规定，纺织品和服装废弃后回收利用等环节的设计。

在内容上，本书共分为六个章节，第一章为绪论，主要就生态纺织品概述、纺织生态系统构建、纺织服装产业可持续发展评价体系三个方面展开论述；第二章为绿色设计与绿色纺织，主要围绕绿色设计概述、绿色纺织服装材料的开发和应用、绿色纺织品的开发和应用三个方面展开论述；第三章为生态纺织服装绿色设计概述，依次介绍了生态纺织服装绿色设计背景、生态纺织服装绿色设计原则、生态纺织服装绿色设计方法、生态纺织服装绿色设计环节四个方面的内容；第四章为生态纺织服装技术标准与绿色设计评价，依次介绍了生态纺织服装绿色生态标签、生态纺织服装技术标准、生态纺织服装绿色设计评价三个方面的内容；第五章为我国生态纺织服装绿色设计研究，分为三部分内容，依次是我国生态纺织服装绿色设计概述、我国生态纺织服装绿色设计路径、我国服装绿色设计的应用案例。

在撰写本书的过程中，作者得到了许多专家学者的帮助和指导，参考了大量的学术文献，在此表示真诚的感谢。由于作者水平有限，书中难免会有疏漏之处，希望广大读者及时指正。

左洪芬

2023 年 4 月

目 录

第一章 绪 论

随着世界绿色经济的浪潮以及现代高新技术的发展，纺织服装行业发生了巨大变化。为了满足社会经济发展的迫切需求，要求我们在服装设计和生产实践中，必须主动去适应这种绿色经济发展的需求，以绿色设计为先导，促进我国生态纺织服装绿色设计的发展。本章为绪论，主要就生态纺织品概述、纺织生态系统构建、纺织服装产业可持续发展评价体系三个方面展开论述。

第一节　生态纺织品概述

一、生态纺织品概念

20 世纪 80 年代后期，为适应全球环保战略和“绿色浪潮”的消费时尚，欧洲的一些发达国家，借助一些高灵敏度、高精度的仪器设备研究纺织服装污染物与人体疾病的相互因果关系，引起人们对环境污染和人体健康的关系的广泛关注和重视。

联合国环境与发展委员会于 1987 年发表了名为《我们共同的未来》的报告，正式向全世界提出了“绿色工程”的概念和任务。绿色纺织品是“绿色工程”的内容之一，又称为“生态纺织品”，泛称“生态纺织服装”。1992 年颁布的第一部生态纺织品标准 OEKO-TexStandard100 标准是生态纺织品诞生的标志。

广义上讲，生态纺织品（Ecological Textiles）是一种绿色产品（Green Product）或称为环境意识产品（Environmental Conscious Product，ECP），也可以说“生态纺织品”是采用对环境无害的原料和生产过程，所生产的对人体健康无害的纺织品。

目前，世界上对生态纺织品的认定存在两种观点。一种观点是以欧盟“Eco-label”为代表的“全生态纺织品”概念，认为生态纺织品在生命周期全过程中，从纤维原料种植到生产未受到污染，其生产加工和消费过程不会对环境和人体产生危害。纺织服装产品在使用后所产生的废弃物可回收再利用或在自然条件下降解。另一种是“有限生态纺织品”概念，是国际纺织品生态学研究与检测协会提出的。该概念指出，在使用纺织品过程中不对人体与环境造成损伤是生态纺织品的最终目的。但对纺织服装产品上的有害物质应进行合理范围的限定，以不影响人体健康为限度原则，同时建立相应的纺织服装品质的质量控制体系和方法。

"全生态纺织品"是一种理想化的生态纺织品概念，但是在目前科技水平下很难完全达到"全生态"的要求；"有限生态纺织品"是在现有科学技术水平下可以实现的生态纺织品要求。随着社会经济发展、科技进步，"有限生态纺织品"的限量标准及监控手段会得到逐步提高，进而向"全生态纺织品"方向发展。

生态纺织品必须符合以下几方面要求：

（1）在生态纺织品的生命周期中，符合特定的生态环境要求，对人体健康无害，对生态环境无损害或损害很小。

（2）从面料到产成品的整个生产加工产业链中，不存在对人体产生危害的污染，服装面料、辅料及配件不能含有对人体产生有害的物质，或这种物质不得超过相关产品所规定的限度。

（3）在穿着或使用过程中，纺织品或服装产品不能含有可能对人体健康有害的分解物质，或这类中间体物质不得超过相关产品所规定的限度。

（4）在处理使用的纺织品或穿过的服装产品废弃物时，不得对环境造成污染。

（5）纺织品或服装产品必须经过法定部门检验，具有相应的环保标志。

二、生态纺织品内涵

在生态纺织服装的原料获取、生产加工、储存消费、回收利用的过程中，都应有利于对资源的有效利用，对生态环境无害或危害最小，不产生环境污染或污染很小，不对人体健康或安全产生危害。因此，生态纺织品应具备以下内涵：

（一）友好的环境属性

要求企业采取符合环保标准的、具有清洁化的生产工艺进行生产。在生产过程中不仅要保证对环境造成最低程度的污染，同时还要尽可能减少废弃物的产生以及废弃物的循环利用。

（二）节省的资源属性

要求在设计产品的过程中，以满足服饰的基本功能为前提，避免使用对人体健康有损害的原料、配件等，同时在款式结构方面提倡简约和服饰可搭配的特点。另外还要有明确且科学的原辅料消耗指标、生产经营管理经济学指标以及信息资源费用指标计划等。

（三）节约的能源属性

要求在生态纺织服装生命周期中，能源消耗低，倡导节能减排新技术和新能源的应用，包括生产过程中能源类型和清洁化程度、再生能源的利用程度、能源利用效率、废弃物处理能耗等能源属性。

（四）健康的生命属性

要求原辅料不含有对人体有毒有害成分，在产品生命周期全过程中对人体健康无损害，对动植物、微生物等危害程度小或无害。

（五）绿色的经济属性

要求了解产品绿色设计费用、生产成本费用、使用费用、废弃物回收利用处理费用等费用指标。

可以说，“生态纺织服装”是一种采用生态环保的原辅料，通过绿色设计、清洁化加工生产、绿色包装、绿色消费的节能、低耗、减污的环境友好型纺织服装产品。这是“生态纺织服装”区别于一般纺织服装产品的主要特征。

“生态纺织服装”的生态学评价，体现在生态纺织服装产品生命周期的全过程中，除了包括生态纺织服装生命周期的设计、原辅料获取、生产加工、消费使用外，还包括废弃物的回收、再利用和废弃物处理环节，是一个包括产品生命周期各环节的闭环控制系统。这也是“生态纺织服装”和一般纺织服装产品开环式生命周期的重大区别。

三、生态纺织品的类别

（一）生态纺织品分类

按照国家市场监督管理总局和中国国家标准化管理委员会2009年6月11日发布、2010年1月1日实施的国家标准GB/T18885—2009《生态纺织品技术要求》第四部分产品分类的内容要求，按产品（包括生产过程各阶段的中间产品）的最终用途，生态纺织品可分成四大类。第一，婴幼儿用品。年龄在36个月及以下婴幼儿使用的产品；第二，直接接触皮肤用品。在穿着或使用时，其大部分面积与人体皮肤直接接触的产品（如衬衫、内衣、毛巾、床单等）；第三，非直接接触皮肤用品。在穿着或使用时，不直接接触皮肤或小部分面积与人体皮肤直接接触的产品（如外衣等）；第四，装饰材料。用于装饰的产品（如桌布、墙布、窗帘、地毯等）。

纺织材料的形态各异，各种纺织材料使用的染料与加工工艺也不相同，因为这种差异性，导致纺织品对人体的潜在风险也呈现多样化。此外，纺织品对人体的危害也与产品的最终用途有关，依据产品用途对其进行分类，要求有着显著的必要性。目前国际上的纺织品分类标准有相当一部分是按照产品的用途来制定的，其中对于婴幼儿产品设立了更为严格的控制标准。

（二）分类的说明

鉴于《生态纺织品技术要求》具有强制执行的法规属性，为防止歧义和理解上的偏差，该规范对部分术语进行了明确的定义。

1. 纺织产品

纺织产品的主要原料是天然与化学纤维。将这些原料进行一系列的工艺（纺、织、染等）的加工，再进行缝制，最终得到产品。除了服装之外，从纱线开始的各种后续产品和制品都属于纺织产品的范畴。

2. 基本安全技术要求

基本安全技术要求是基于纺织品对人体健康无害的概念。但是这一概念是相对的，纺织品可能包含的有害物质种类较多，这些物质对人体的危害程度也不尽相同。“求全”不应该是这一规范的根本考量，而且即便产品满足该规范的标准，也并不意味着产品就具有绝对安全的属性。

3. 婴幼儿纺织用品

是指年龄在36个月及以下婴幼儿使用的纺织产品，这项规定与其他许多国家通行的“36个月及以下”的标准一致。在标准的执行中，对婴幼儿纺织用品的判定依据是产品的特点、型号或规格，以及在产品使用说明、产品广告或销售时明示使用对象为婴幼儿产品。

4. 直接接触皮肤和非直接接触皮肤的产品

穿着纺织产品时，产品与皮肤接触的面积各有不同，有的产品与皮肤大面积接触，而有的产品只有小部分与皮肤存在接触。对于这一概念缺少量化标准，一般来说与皮肤直接进行接触的产品是内衣制品、T恤等，而与皮肤非直接接触的产品一般为外套等。对于服饰的搭配来说，这种分类方法不存在严格的界限，具体区分方式还是需要进行灵活判断的。

四、生态纺织品生产的绿色技术

如前所述，纺织品生产过程中所采用的绿色原料和绿色技术决定了产品的环保特性，下面就现在较为主要的一些生态纤维和绿色技术作以下分析：

（一）主要的绿色纤维

1. 天然彩色棉

天然彩色棉是有机棉类型之一，它的棉纤维在吐丝的时候就带有柔和自然的色彩。彩色棉采用的是绿色种植技术，也被称作绿色纺织原料，因为通过生物工程技术种植，无须使用有害化学物质，有助于保护环境与生态。此外，物料本身天生有色，无须再进行染色处理，因此避免了化学染色过程中可能产生的毒素，进而达到保护环境的效果。彩色棉制品是一种舒适、性价比优良的纺织品，作为当今最为环保、健康、流行的产品之一，备受青睐。它代表了生产、处理、使用三个方面发展生态纺织品的趋势，并且被当作“绿色纺织品”的优秀代表。

2.Tencel（天丝）纤维

最初研发 Tencel（天丝）纤维的公司是英国的阿考迪斯（Acodis）。这种纤维素纤维的原料是木浆粉，生产过程中使用氨基氧化物（N- 甲基吗啉 -N- 氧化物）作为溶剂将木浆直接溶解成厚稠的溶液，并挤压成长丝。生产的纤维具有柔软的触感、良好的弹性和低收缩率，具有与涤纶相当的强度，并且还保留了其他天然纤维的优良特性。这种纤维对环境和人体无害，是一种绿色生态纤维。此外，Tencel 纤维在制造过程中使用的化学物质可以回收再利用，而且废弃物可以进行焚烧处理，因此 Tencel 纤维被广泛称为 21 世纪的绿色纤维。由于其具有可再生能源属性以及不会对环境造成不利影响的生产过程等特征，欧美国家普遍采用它来生产高档时装。

3. 甲壳素纤维

甲壳素纤维是一种带有正电荷的动物纤维，其具有很强的抑菌作用，能够有效地抑制危害人体的大肠杆菌和金色葡萄球菌等细菌的生长，从根本上消除有害菌的滋生和细菌导致的异味问题。甲壳素纤维除了具有生物活性和生物相容性优点外，对人体还有较好的护理和养护作用。

有一点需要注意的是，甲壳素纤维被认为是一种环保的纤维素，因为它可以被微生物降解，避免了对环境造成的污染。因此，它完全满足人们对环保与安全着装的需求。正因为它具备这些特质，因此在炎热潮湿的夏季穿戴非常合适。我国研发了一种采用甲壳素制造的内衣和 T 恤衫，它们能够持久地防止细菌滋生并产生异味。不仅如此，这些服装还被视为理想的健康保健服装。

4. 大豆纤维

大豆纤维是再生蛋白质纤维的一种。制作大豆纤维的原材料资源丰富，并且大豆纤维的生产过程对空气、水资源、人体健康均无危害。此外，大豆纤维的主要成分是大豆作物中的蛋白质，具有容易降解的明显优势。大豆纤维不仅有媲美羊绒一般的手感，同时具有蚕丝的光泽，良好的透气性、保暖性、吸湿等特点都是大豆纤维的显著属性，正因如此人类将其作为内衣与高档面料的制作原料，并冠以“21 世纪的健康舒适纤维”的美誉。

（二）绿色染料及助剂

1. 天然色素

天然色素的采集可分为两种方法。一是从植物中提取色素和从矿物中提取色素。随着时间的推移，人们越来越重视天然色素，尤其是生物色素。天然色素是在地球漫长的生物进化过程中形成的，能够维持生态平衡并不会对生物造成伤害。可以说天然色素完全安全。二是采用天然矿物粉碎加工后进行染色，可以使织物呈现出自然、优美的色彩，并且不产生环境污染。同时，经过检测，用于染色的矿物粉不含任何对人体有害的物质。

2. 仿生染料

除了使用天然色素以外，越来越多的研究人员正在探索仿生颜料或染料的开发，这已经成为未来研发新型染料的发展趋势之一。考虑到使用天然色素可能产生负面影响，我们更倾向于通过人工合成具备生物色素功能的染料，来模拟仿生染色。这些染料的设计旨在复制生物体内色素的结构、分布和功能。许多人工合成的染料的分子结构跟自然界中的色素非常相近，例如绿色染料酞菁就是这样。它们的基本色素结构非常接近于叶绿素和血红素，唯一的不同在于它们的中心金属原子和芳环结构略有差异。动物黑色素和某些靛类染料以及它们的中间体具有相似的基本结构。尽管自然色素染料的染色效果通常不及人造染料，这是由于其亲和性较低、耐光和耐洗性不如合成染料，然而，一些生物色素的染色效果表现出更为耐久的特性，超过了人造染料。例如，动物黑色素被证明比各种人造染发色素具有更好的染色耐久性。北京纺织科学研究院等机构对多种植物色素进行了分类和深入研究，这表明我国正在积极开展相关研究工作。另外，他们成功地使用现有的工艺技术制造了一种有色提取物，包括天然黄色素（TR-Y）和天然绿色素（TR-G），并成功地将它们应用于纯棉和丝绸的染色过程中。

3. 无甲醛固色剂

为了保护环境，我们可以采取另外一种方法，即提高染料的上染率和固色率，以减少其对环境的污染。一般而言，为了实现这一目标，我们会使用固色剂，因为它可提升水溶染料在纤维上的染色耐用度。过去常用的含甲醛固色剂 M 和 Y 已被广泛认知对人体有害，因此新型产品无甲醛固色剂被研发出来。可以将无甲醛固色剂分为三类：阳离子聚合物型、树脂型和交联反应型。Scckafix 157 是一种可溶于水的阳离子聚合物，其组成包含砚素。而 Suprefix DFC 则是由聚乙烯多胺和二氯二异丙基尿素共同缩合而成的产物。通过使用固色剂，染料的利用率得到了提高，同时废水中的染料也被大幅减少。

（三）环保型整理剂

1. 树脂整理剂

通常采用树脂整理剂进行免熨烫处理。传统中常用的树脂整理剂有三羟甲基三聚氰胺树脂（TMT）、二羟甲基二羟基乙烯脲树脂（DMDHEU）等，这些树脂都含有甲醛，不符合环保要求。实际上，无论在国内还是国际上，消费者都对甲醛问题非常关注。因而，开发环保型免熨烫整理剂，已成为推进绿色环保服装发展的不可或缺的关键。目前，有两种主要方法开发树脂整理剂。第一种可行的方案是通过改良 N- 羟甲基酰胺类化合物的髓化工艺，使其达到低甲醛水平（＜150×10-6）或超低甲醛标准（＜75×10-6），以制备整理剂。汽巴 FFL、上海新力 NupwellSDP、德国巴斯夫公司的 FixapretFR-8 以及青岛罗塔 566 都是代表本方法的产品。第二种是探索使用多羧酸类无甲醛树脂整理剂的开发和应用。这些树脂包括进口的或常州的 BTCA（丁烷四羧酸）、原天津纺织工学院的 CA（柠檬酸）、原浙江丝绸工学院的 AI、MA（衣康酸、马来酸共聚物），以及诺瓦化学（苏州）有限公司的 NC-99（聚合多元羧酸型）等。

2. 阻燃整理剂

纺织品的防火处理是一项历史悠久的工艺。尽管阻燃整理剂的类型多种多样，涵盖了硼酸、硼砂、磷酸铵等早期常用的种类以及如今广泛应用的 TH-PC 和

Fyrol-76 等，但其致癌和毒性问题已经引起全球范围内的广泛关注。根据报道，2000 年日本研制出了一系列新型的硼化合物复合阻燃剂，其中包括 NFR-650、NFR-650S 以及 NFR-110 等三款不同类型。据称，这些阻燃剂不含毒性和刺激性成分。

（四）生态染色印花技术

染色是导致环境污染的一大因素，因此我们需要研究和开发更加环保、生态友好的染色技术，以减少其对环境的影响。

1. 超临界二氧化碳染色

近年来，超临界二氧化碳染色得到广泛研究和开发，这种染色整加工方式使用二氧化碳替代了传统的水介质。这项技术能够防止大量废水排放导致环境受到严重污染的问题。在生产过程中，不需要进行清洗和烘干，同时可以循环再利用二氧化碳。国际上普遍采用聚酯纤维的染色技术，在此基础上，也可以使用相同的技术对聚酰胺纤维和三醋酯纤维进行染色。最近在研究如何利用天然纤维进行染色，需要进行对应的染料系统开发。国内开始探索使用分散型染料，包括但不限于分散黄 RGFL、福隆黄 SE-6GFL、分散蓝 2BLN 和分散红 FB 等等，并且已经取得了一些进展。尽管这项技术的发展还处于初级阶段，但如果能够成功研究出来，将具有重大的意义。

2. 超声染色

在织物加工过程中，利用超声波等物理技术，可以使部分染料得到更有效的利用，从而达到降低染料消耗、降低染色温度、提高上染速度和上染率的效果，有效地减少了废水污染。

3. 新的印花工艺

喷射印花和转移印花是最新的印花技术，使用它们可以有效降低废水排放量，且不会改变产品的质地。在过去，人们通常会在涤纶和锦纶织物上使用转移印花技术，而如今，棉织物也开始被改造，以便使用转移印花技术。应用苯甲酰氯改性处理的棉织物可以进行转移印花，从而避免了在印刷和清洗过程中产生的色浆污染问题。

除了前面提到的生态纺织技术，我们还可以通过尽可能多地采用物理方法，在纺织过程中减少使用化学处理的量。一种常见的方法是利用等离子体对织物表面进行处理，从而提高染料和整理剂的固着率。进行干式加工的表面处理方式不需涉及水和化学剂。采用这一方式，既能保持节约能源和资源的水准，同时还能减少污水的排放量，降低环境的污染，可谓是对生态环境的最大保护。在织物的整理过程中，会利用各种物理方法，例如机械、水分、蒸汽和加湿等，对织物进行处理，以达到整理的目的。使用这种方法可以避免或减少加工助剂的使用，达到预缩整理、提高织物手感和光泽度、防止缩水的效果，同时通过轧花整理制造出凹凸花纹，或使用呢毯整理来代替柔软整理。

第二节　纺织生态系统构建

一、纺织产业链的绿色设计

（一）纺织链的生态进化

目前的纺织生产过程通常分为以下几个阶段：第一阶段生产天然纤维、再生纤维、合成纤维等纺织原料。第二阶段加工纤维为纺织材料，如纺纱和混纺。第三阶段对纺织品进行印染和整理等后处理。第四阶段进行服装加工并销售。第五阶段使用纺织品。第六阶段对废弃的纺织品进行处理，包括填埋和焚烧。这是一条开放的线性链。假如采用了自然色彩棉花进行生产，有可能无须进行第三步的印染工艺。印染对环境的影响非常大，因此这一改变将有助于使新的纺织产业更加环保与生态友好。只要我们将废旧纺织品回收利用，而不是任意丢弃，就可以实现纺织业的封闭循环，只包含第二、第三、第四、第五这几个阶段。

（二）纺织链的生态运行

如果我们能够延长纺织品的使用寿命并实现循环再利用，那么纺织链的封闭循环将变得更为缓慢，我们只需要更少的原材料，并且对环境造成的影响也将极大减少，变得更加生态友好。服装设计的风格丰富多彩，只需稍加搭配，就能够满足四季不同的服饰需求。

（三）纺织链的绿色设计

应该指出的是，在纺织品供应链中，绿色设计应当秉承节约型社会和可持续发展的原则，这就要求生产不再使用大量的资源，破坏生态环境。相反的，生产的目的是延长产品的寿命，同时增强服务体系。如果衣服颜色已经褪掉了，可以采用染色的方式来恢复原本的颜色。鉴于纺织品经常磨损，因此需要进行维修或恢复。尽管服务技术的提高可以带来许多好处，但也有一定的负面影响，其中之一是减缓了纺织链的运转速度。这些服务系统的引入不仅会创造许多就业机会，还有助于实现社会和经济的双赢局面，同时可以减轻生态系统的压力（图 1–2–1）。

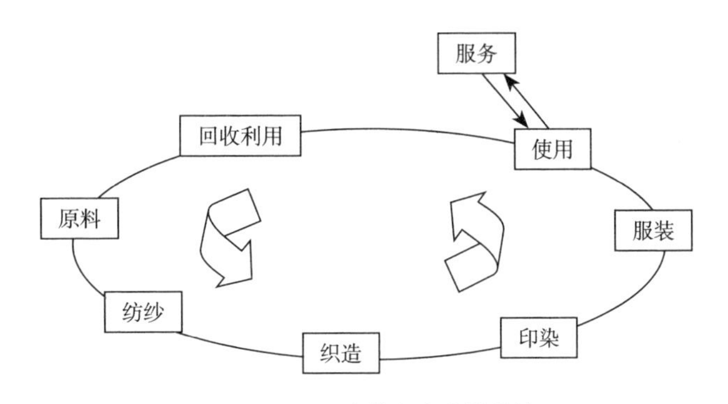

图 1–2–1 绿色纺织产业链设计

通常，生态纺织品必须满足以下四个基本前提：一是资源可再生，可重复利用；二是符合环保标准，对环境不会造成负面影响，资源与能源使用较少；三是不使用有害物质，符合人类健康标准；四是能够在自然环境中降解，且不会对环境造成污染。

同时生产过程必须符合以下基本要求：一是纺织纤维的种植或生产符合生态性，二是纺纱、织布必须是生态加工技术，三是染整加工必须是生态加工技术，四是服装加工过程必须注重生态要求。

现在所建立的纺织工业园区及一些大型企业集团都进行了纺纱、织造、染整、服装的一体化联合生产，建立了较为完善的纺织工业链。通过技术合作，产生了巨大的环境效益和经济效益。以往在涤纶纤维纺丝生产中，液态聚酯的冷却凝固、切粒、包装、运输、筛分、干燥、熔解等过程耗用大量的人力、物力；冷却、凝固、干燥、熔解等过程需要消耗大量的能源来进行；产生大量的废水、废气及其他废弃物；增加了包装和运输的费用。为了解决以上矛盾，在聚酯合成、纺丝和织造一体化生产中，浙江纵横集团采用了一种综合生产方式，将聚酯合成、纺丝和织造工艺有机地结合起来。具体而言，他们利用聚合生产的液态聚酯原料，直接输送至纺丝厂进行加工，从而实现了零废物生产。这种生产模式不仅降低了人力、物力和能源的消耗，每吨丝的成本也减少了约 1000 元。该模式不仅遵循了最小能耗原则，满足了社会需求，同时也提高了企业的利润。

二、产业生态园的设计

基于自然生态系统的产业生态园的设计原则如下：

（1）园内成员之间遵循相互适配的原则。生态产业园的设计需要确保企业之间相互补充和协调。生态产业的发展受到园区成员之间的供应和需求关系的影响，这种关系的稳定性和规模也是至关重要的。

（2）坚持整体性和个性化原则。统一产业生态系统的整体特点与生态园的个体特色。生态产业园坚持兼顾经济效益、环境效益和本身的可持续发展，确保产业园整体和园区自身都能达到良好的经济和环境效果。因此，必须确保系统整体和生态系统内各个个体的独立性相协调。

（3）生态园区的多样性设计原则。系统的稳定性与其中所包含的物种数目成正比，自然生态系统中物种越多，则系统的稳定性越高。构建生态产业生态系统时需要考虑产业链的协同和平衡发展，吸引多元化的企业参与，从而实现各种原材料、产品和服务的多样化。此外，生态园之间的联系也应该变得更加复杂。

（4）符合产业链长度和结构理论的要求。从产业生态系统的角度来看，产业生态链的长度与系统内外影响的概率成正比，也就是说，如果生态链过长，则其柔性降低，系统的稳定性也会随之降低。因此，随着生产产业链的不断延长，生态产业链的管理变得越来越具有挑战性。

产业链上需要建立更多的生态圈中心节点，而非仅仅围绕端节点建立生态圈。此外，产业的下游生态园数量应多于上游生态园的数量，这意味着上游产业的废弃物应尽可能地作为原材料用于一家以上的下游产业。

三、纺织产业生态园的构建

（一）纺织产业生态园建立优势

1. 条件优势

创设生态纺织业园区，并发展生态纺织行业，需投入大量资金。我国在纺织产业方面具有一些优势。首先，纺织业主要集中在经济发达的地区，如江苏和浙江。其次，越来越多的大型纺织企业规模不断扩大，效益持续提高。此外，值得一提的是，我国在技术方面具备优越条件。我国在纺织加工技术方面已经达到了相当高的水平。此外，在纺织行业的研究方面，有许多高校致力于此，并且这些高校在科研方面实力非常强大，因此它们能够为纺织产业的繁荣提供极其重要的技术支持。

2. 产业优势

建设生态产业园的先决条件之一是确立物质、能量和信息的产业链。其次，生态生产需要探索多样化的生态园组成和相互联系方式，并注重创新。只有这样，才能确保生态产业系统的平衡和稳定的发展。因为纺织业的生产过程涉及多个环节，例如原材料的种植和采购、加工整理和辅助制造。每个环节可以独立视为一个行业，但它们也相互依存，这为构建生态产业链提供了很好的基础。这些特征有助于建立一个生态友好型的纺织产业园区。

以上分析表明，在我国发展纺织产业生态园具有在形势、条件、技术、产业等多方面的优势。

（二）纺织产业生态园建立条件

在所有生态园中，都应该推广清洁生产技术。这意味着在生产过程中，需要节约使用原材料和能源，避免使用有害物质，并最大限度地减少生产废物的数量和毒性。在生产过程中，要努力减少产品从原材料提取到处理废弃物整个生命周期中产生的负面影响。服务的设计和实施需考虑环境因素的影响。以纺织业为核心产业，建立生态产业链的主导地位，与其他产业共享生态资源，进而形成一个完整的生态产业系统。纺织产业以及其他主要生态园能够保持稳定，并具备一定的发展潜力。

自然生态系统的运作方式可以启发我们在不同的生态园之间进行废物交换，这样可以构成更完备的生态产业链。不同行业的规模、结构及其所使用的原料、生产出的产品和提供的服务都有所不同，这些生态园彼此连接构成了一个复杂的生态网络。为了确保产业生态系统的稳定性和可持续性，需要建立和构建完整的生态产业链，其中包括各种关键元素和结构。

不同生态园之间已形成比较稳定的合作模式，涵盖了物流、能源和信息等方面。生态产业系统内的各生态园之间建立充满活力的合作关系，且该合作关系能够随着市场和技术等因素的变化而不断演进。根据产业链长度和结构理论的观点，最适宜的生态链条设计应当在 3～4 个。在一个产业生态系统中，拥有中心位置的生态园应该比位于两个端点上的生态园更多。此外，在产业生态系统中，下游的生态园数量比上游多，这意味着上游产业废弃物最好能够得到一家下游产业再利用作为原材料。

（三）建立纺织产业生态系统

作为生态产业链中的主导链，纺织产业是生态产业系统的核心产业，与其他产业类别形成生态链接。从之前对纺织产业与其他行业耦合的分析和汉川市纺织工业园的情况来看，我们可以发现纺织产业与多个行业存在密切联系，如图 1–2–2 所示。

该生态园以纺织业为中心，通过将不同园区连接起来，形成了一个基本的生态网络。该园区内实现了纺织产业链的全面生态化，从生产、副产品加工到废弃物处理等各个环节均得到了有效落实。这个系统具有开放性，由许多节点构成。每个节点在垂直方向上都是自适应的，不断优化自身，并具有活力。因此，该系统能够逐步减少自身受外界环境的影响。在这个复杂的生态系统中，相邻生物之间的关系紧密，它们拥有不同的生命空间，这样的生态系统拥有高效的能量代谢过程和和谐的生态功能。

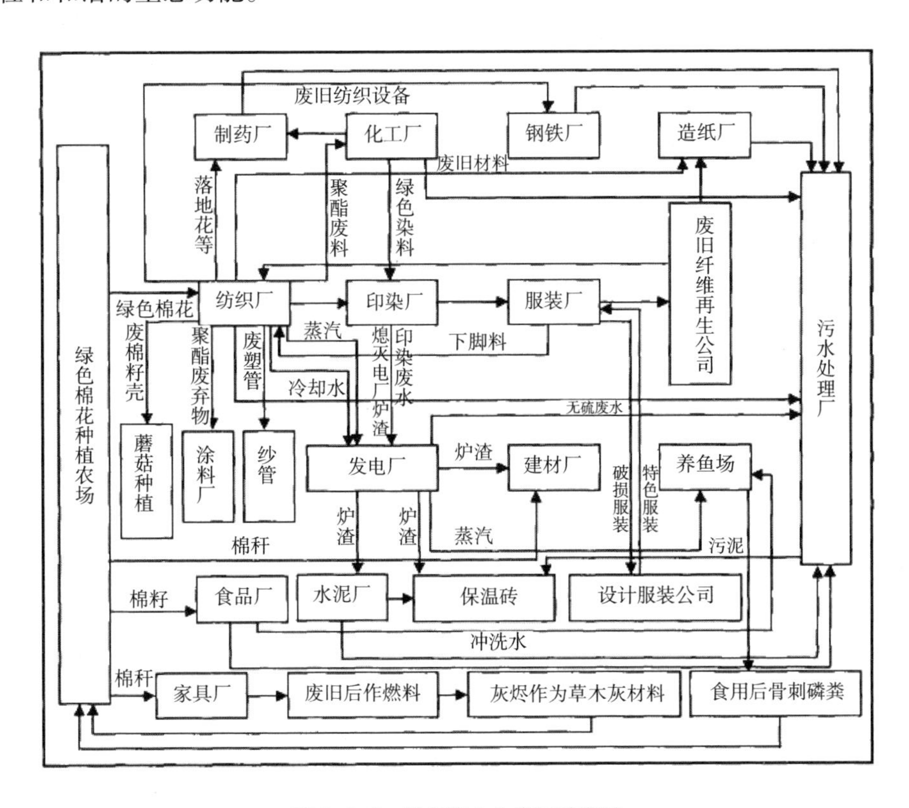

图 1-2-2 纺织产业生态园流程图

第三节　纺织服装产业可持续发展评价体系

一、产业可持续发展内涵、特性

可持续发展是科学发展观的核心内容之一，它强调以长远的眼光考虑未来发展的经济增长模式。随着全球人口的增长，能源资源短缺、生态环境破坏、社会矛盾加剧以及不合理的发展趋势变得越来越严重。因此，全球已经达成了共识，把可持续发展观作为引领全球发展的关键战略。不同领域的学者一直在运用经济学、社会学、生态学和系统学等方法来探讨可持续发展的理论，以解决不同利益方之间实现可持续发展所面临的矛盾。这个主题涉及人与自然之间的关系、人与人之间的关系，着重强调协调与平衡，并且包含了多个方面的内容，如当代与后代、区域与全球、空间与时间、环境与发展、效率与公平等。①

可持续性产业强调通过满足生态系统、社会和经济方面的需求，创造持久性、长期的经济成长，同时还促进了人际关系的和谐。该计划的愿景在于促进人口、资源和环境的有机整合，并着重关注生态、经济和社会三大系统的协同发展，以确保发展的可持续性。可以概括为：（1）系统性。遵循可持续发展原则，通过技术创新促进产业和资源、生态环境之间的良性互动，以实现整体效益最大化。为了实现可持续发展，需要从产业的角度认识到，稳定的环境、经济、社会、生态、科技和能源系统的相互作用是实现可持续发展的基础。我们需要根据公正和持续的原则，探索适合实现可持续发展目标的道路。（2）差别性。由于不同区域国家的经济发展水平和内部结构不同，因此产业的发展水平和问题也不同。为了让产业能够持续发展，应该实施分层差异化的策略。（3）多维性。可持续发展系统包含生态、经济和社会三个方面，并且发展的数量、协调性和持续性是客观分析可持续发展行为的基础。这个系统考虑了各个方面，以确保我们的行动不会以牺牲未来为代价的方式造成破坏。

① 骆玲，唐志红．产业可持续发展能力评估指标体系研究[J]. 西南交通大学学报（社会科学版），2007（5）：6-11.

二、建立产业可持续评价体系

纺织服装的发展战略的制定应遵循客观与科学原则，需要深入研究产业的可持续发展能力。产业可持续发展所强调的是在产业的维度实施要素与系统的协调发展。可持续评价是产业可持续发展研究的重要内容，评价指标、指标体系的建立可为实践提供评价工具，也是管理决策、政策制定的有效工具。纺织服装产业的可持续发展需要深入产业链中涉及的所有内容，判断一个产业的可持续发展能力，也需要全方位地分析评价内容，评价指标的选择需要遵循的原则有：客观性、系统性、科学性、稳定性、层次性、可操作性。

（一）评价指标内容

评价纺织服装产业可持续发展的指标很多，由此有必要将指标按照一定的原则进行划分，产业的可持续发展能力的评价主要从三个方面展开，分别是产业发展基础、产业协调能力、产业可持续性支持。因此本书将从以下三个方面，选取京津冀纺织服装产业可持续发展能力的评价指标，所有评价指标如表 1-3-1 所示。

表 1-3-1 纺织服装产业可持续发展评价指标

一级指标	二级指标	三级指标
产业发展基础	资源基础	人均耕地面积 人均水资源拥有量 人均能源拥有量 人均矿产资源拥有量
	生态基础	森林覆盖率 湿地面积比率 生态保护区面积比率 农业自然灾害成灾率
	经济基础	产业 GDP 产业增长速度 产业劳动生产率 产业机械化率
	社会基础	人口自然增长率 大学学历人口比率 城乡综合恩格尔系数

续表

一级指标	二级指标	三级指标
产业协调能力	产业—生态	单位工业增加值废水排放量 单位工业增加值固体废物排放量 工业污染治理投资占 GDP 比重
	产业—资源	单位面积原料产量 单位产值耗水量 单位产值耗电量 产业就业占比
	产业—社会	产业人均 GDP 比人均 GDP 产业城市化偏差度
产业可持续性支持	科学技术支持	产业专业技术人员占总人数比例 万人专利申请数 产业技术成果转化率 产业信息化水平
	区域开放度	铁路网密度 公路网密度 人均邮电业务量 外资利用能力 对外依存度
	产业综合组织能力	产业竞争力值 产业市场绩效 产业结构化高度水平 产业结构化合理系数

评价指标内容说明如下：

（1）纺织服装产业的发展基础由四部分构成，分别为资源基础、生态基础、经济基础、社会基础。资源和生态基础为服装生产提供棉花、蚕丝等原材料。经济基础主要包括增长速度、规模、产业结构等要素，为产业的发展提供发展条件。除此之外，社会的人口数量与质量乃至生活水平都对服装产业有着重要的影响作用。

（2）纺织服装产业的协调能力包括维护产业与生态环境、资源利用、社会利益之间的平衡关系。产业与生态之间的协调能力可以通过衡量产业对生态环境的负面影响程度和其支持生态环境恢复和维护的程度来评估。衡量产业可持续发展的基本指标是产业与资源之间的协调能力。关注产业与社会协调能力，旨在保障产业可持续发展的同时实现和谐发展。其中，公平性是至关重要的，需要通过提供就业岗位、合理分配收入以及缩小城乡差距等方式来实现。

（3）产业未来的发展需要依赖于可持续性支持的多重方面，其中包括科技实力、地域开放性和产业组织的全面能力。优化产业结构是促进产业升级和发展的重要策略，为实现可持续发展目标，必须在规划产业发展时考虑生态环境、资源利用和社会责任等多方面的因素。科技的改进是增加生产力的主要方式，纺织服装业的可持续发展需要依靠科技进步和技术创新来保障。区域开发度指的是某个地区的开放程度以及其与其他地区（国内或国外）的经济联系，这与该地区的产业密切相关，不同的地区范围大小也会影响其区域开发度的大小。以上提到的两个事项是为了推动产业的可持续发展而需要的外部条件，而产业本身的综合组织能力则是支持其可持续发展的关键内部要素，这也是与其他支持体系不同的重要特点。

（二）评价指标体系

评价指标体系是关于指标层次结构模型的建立。将研究问题根据目标层、准则层和指标层划分为不同的层次结构。京津冀纺织服装产业可持续发展是本书讨论的核心问题，是评价体系的最高层，即目标层，用“0”表示，其评价决策关系很多方面内容，为了客观地评价京津冀纺织服装产业可持续发展能力，需要建立分层次且可量化的评价指标体系，具体指标如表 1–3–1 所示，分析如下：一级指标，即准则层（B），包括产业发展基础（B_1）、产业协调能力（B_2）、产业可持续性（B_3）；准则层下面的指标作为二级指标，如产业发展基础包括资源基础、生态基础、经济基础、社会基础等，共有 10 个，用 C 表示；二级指标下面的指标作为三级指标，总共包括 37 个，用 C_{ij} 表示。

三、产业可持续发展评价模型

在指标体系建立过程中，确定了三级评价指标，但要建立网络层次分析评价模型，还需要对同级评价指标之间的互相影响关系进行研究。由纺织服装产业本身的结构决定，评价指标之间存在相互影响和关联的作用，比如产业的资源基础的不同，会影响其经济基础和产业—社会的协调能力，棉、毛、丝等资源缺乏时，制造服装产品的成本就会高一些，而产业资源的充分开发又可以拉动就业的社会效应，其他指标内容之间也存在相互的影响与关联，不是简单的层次关系。本书基于网络层次分析法（ANP，Analytic Network Process）进行评价分析，网络层中元素之间相互影响和关联，因此将系统内各元素之间的关系用网络结构表示，从而可以更为客观、全面地描述元素之间的联系，提供更有效的决策方法。本书通过专家填表和会议讨论的方式，对评价指标之间的关系进行相互关联的判断，最后通过 Super decision 软件建立指标体系和关联关系后，得出如图 1–3–1 所示的评价指标关系网。

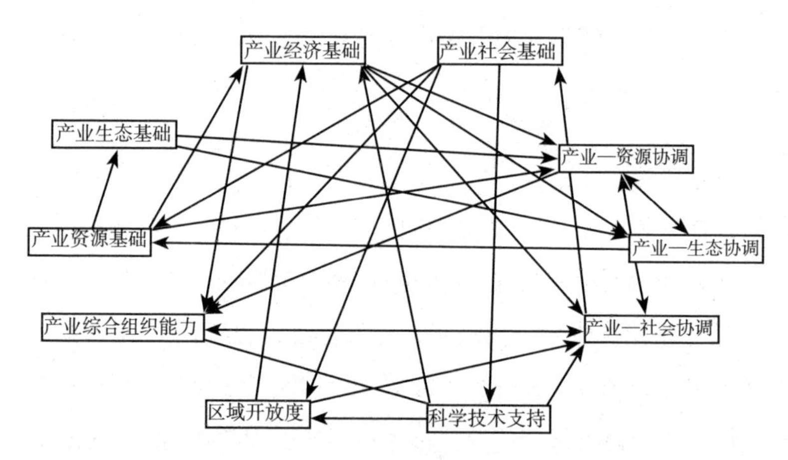

图 1–3–1　评价指标关系网

第二章　绿色设计与绿色纺织

绿色发展是以效率、和谐、持续为目标的经济增长和社会发展方式。当今世界，绿色发展已经成为一个重要趋势，许多国家把发展绿色产业作为推动经济结构调整的重要举措，突出绿色的理念和内涵。本章为绿色设计与绿色纺织，主要围绕绿色设计概述、绿色纺织服装材料的开发和应用、绿色纺织品的开发和应用三个方面展开论述。

第一节　绿色设计概述

一、绿色设计的定义

绿色设计是指产品在满足基本功能的基础上，同时具有优异的节能、环保、节约资源等特性，为实现这种目标所开展的设计活动即绿色设计。

绿色设计（Gree Design，GD），通常也称为生态设计（Ecological Design，ED）、环境设计（Design for Environment，DFE）、生命周期设计（Life Cycle Design，LCD）等。

生态纺织服装的绿色设计，是建立在生态纺织品技术要求原则下所进行的生态纺织服装的产品设计。绿色设计要求在产品的整个生命周期内，要充分考虑到生态纺织服装的生态属性，在保证产品的功能性、审美性、质量、成本等因素的同时，还要满足产品的环境属性、生态属性、可回收性、重复利用率等生态纺织服装设计要素。设计师通过运用生态环保理念、美学规律和科学的设计程序，设计出舒适、美观、安全、环保的生态纺织服装。

生态纺织服装的绿色设计，是实现生态纺织服装产品绿色生态化要求的设计，其目的是弥补传统纺织服装设计的不足，使所设计的生态纺织服装不仅要符合生态纺织品的技术要求，同时还能满足消费者对绿色生态纺织服装的消费需求。

二、绿色设计的内涵

生态纺织服装绿色设计的内涵包括设计理念和方法创新、产品生命周期系统设计的整体性、产品创新的动态化设计和创新型的设计人才四部分主体内容。

（一）设计理念和方法创新

1. 设计理念的创新性

生态纺织服装绿色设计理念的构建，是设计理念创新和纺织服装科技创新相结合的过程，也是纺织服装业的科学技术和服饰艺术发展水平的综合反映。

生态纺织服装设计，从原辅料、生产、销售、消费、回收利用整个产品生命周期全过程实现生态化、精细化、清洁化的绿色设计模式，是我国纺织服装业界必须面对的新课题。

在生态纺织服装绿色设计过程中，我们必须把新材料、新工艺和节能减排新技术与纺织服装的设计密切结合起来，并用生态环保的设计理念和创新的艺术技巧去开拓生态纺织服装市场。

2. 针对产品生命周期进行设计

绿色设计是把生态纺织服装产品的整个生命周期中的绿色程度作为设计目标。在设计过程中，要充分考虑到生态纺织服装从原辅料获取、加工生产、销售贮运、消费使用、废弃回收等过程中对生态环境的各种影响。

3. 体现多学科交叉融合的特点

绿色设计是产品整个生命周期的设计，所以设计是“系统设计”的概念，体现了“系统设计、清洁制造、生命周期过程、多学科交叉融合”的特点。

资源、环境、人口是现代人类社会面临的三大问题，绿色设计是充分考虑到这三大问题的现代产品设计模式。从生态纺织品的观点来看，绿色设计是一个充分考虑到纺织服装业的资源、环境和人体健康的系统工程设计。

当前，世界的纺织服装业正在实施可持续发展战略，绿色设计实质上是可持续发展战略在纺织服装业中的具体体现。

4. 绿色设计的经济和社会效益特征

21 世纪是生态经济的时代，绿色设计的实施要求纺织服装企业既要考虑企业的经济效益，同时也要考虑社会效益。在现代经济条件下，企业环境效益是关系到企业可持续发展的基本条件，绿色设计是纺织服装业实现企业经济效益和社会效益协同发展的重要途径。

（二）产品生命周期系统设计的整体性

生态纺织服装的绿色设计是一项系统工程，构成产品生命周期各环节的子系统都把产品的生态环保程度作为设计目标，其中某一生态环节的缺失，都将对整个生命周期系统产生影响。该系统由以下四个基本环节组成：

1. 原辅料的生态化

在生态纺织服装原辅材料选择设计阶段，无论利用的是天然纤维材料还是合成纤维材料，设计师都应对设计产品所用的原辅料的生产过程对生态环境的影响进行分析评价，因为选用不同的原辅料对生态环境的影响有很大区别。

即使产品所用的是天然纺织纤维原料，如棉、毛、丝、麻等，纤维在种植或生长过程中普遍施用农药、化肥等农业助剂，天然纤维不可避免地受到农药残留或土壤中重金属离子的污染，这些有毒、有害物质会对环境和人体健康产生危害。

化学合成纤维，大部分是利用不可再生资源如石油、天然气、煤等生产的，必然会消耗大量的自然资源并对生态环境造成一定的破坏。所以，应更多地考虑利用可降解的合成纤维，积极开发利用不污染或少污染的生态型纺织纤维。

在服装加工生产中，所采用辅料、各种黏合剂、纽扣、金属扣件、拉链等都可能含有对人体健康有害的物质，在绿色设计中均应作出生态学评价。

在纺织服装的绿色设计中，所选用的原辅料的自身生产过程应满足低能耗、低排放、低污染、低成本、易回收、不产生有毒有害物质并符合相关的质量标准和生态标准。

2. 生产加工清洁化

在生产加工阶段，应对生态纺织服装的生产加工工艺过程，对生态环境的影响和资源的消耗进行分析评价。因为在纺织服装生产加工环节，特别是印染、漂洗、整理等工序采用的染料、化学助剂和其他化学药品，都有可能在纺织服装产品上残留对人体健康有危害的有毒、有害物质，同时在这些工序中也将会产生噪声污染及大量废气、废水，严重污染环境。

绿色设计要求在纺织服装生产加工阶段，不产生对环境污染和人体健康有害的物质，减少废弃物的排放量、降低环境污染、降低生产成本、合理利用资源。因此，在生态纺织服装的生产加工工序中，采用清洁化生产技术是发展生态纺织服装业的重要技术措施。

3. 消费过程绿色化

消费过程，包括绿色包装设计、消费对生态环境的影响程度、废弃物回收利用等环节对环境的影响和资源消耗进行评价。同时，在纺织服装产品的使用和消费阶段，要对产品消费过程中各种排放物对环境的影响和资源的消耗作出评价，从而判断产品设计的合理性。

在绿色设计中，产品的适应性、可靠性和服务性是设计的重要内容，纺织服装的可搭配性设计与模块化设计是延长服装使用寿命、增强服装功能的有力措施。

服装废弃后，并不意味着所有的废弃服装都是废品，其中部分废弃服装可以搭配其他服装，或清洗消毒后经结构改造得以再利用，也可经回收后重新利用。

在产品设计时就要考虑到产品的回收利用率、回收工艺和回收经济性，这样才能在产品废弃后处理阶段对环境影响和资源的消耗进行评价，为绿色设计方案提供依据。

4. 评价标准科学化

生态纺织服装的绿色设计是一个渐进的过程，在绿色设计的过程中要不断对设计进行分析和评价。

随着世界各国生态纺织品标准的不断完善，绿色设计中的分析与评价越来越有针对性，无论是内贸或外贸，生态纺织服装的绿色设计与绿色认证都受到了政府和企业的高度重视。

科学的绿色设计评价体系应包括以下三个方面：

（1）建立生态纺织服装参考标准。建立的标准应符合国家或行业的相关标准要求，依据设计数据和参照标准比较分析确定环境影响因素权重，进而制定相应的参考标准，使生态纺织服装产品生命周期各环节的生态环境评价均有相关的技术标准和严格可控的检验方法，为产品的评价提供可靠的依据。

（2）具有判断产品完善能力。在绿色设计评估后，应能识别产品在功能性、审美性、技术性、经济性和环境协调性方面存在的问题，并判别对其改善的可能性。

（3）设计方案的比较研究。在概念设计时利用绿色设计评估方法对备选方案进行预评估，实现绿色设计方案初选。在产品详细设计过程中进行绿色评估，应及时发现设计中存在的生态性能欠缺并对设计进行相应的修改。

（三）产品创新的动态化设计

生态纺织品服装的绿色设计是一个从简单到复杂、从部分到整体、从局部创新到产品创新的动态设计过程。

生态纺织服装绿色设计可分为四个阶段。第一阶段为产品性能提高，第二阶段为产品再设计，第三阶段为产品功能提高创新，第四阶段为产品系统创新。

这种动态设计过程要求设计者在生态纺织服装生命周期中，关注产品在各环节中的生态环保性能价值的实现，最终达到产品的总价值目标，而这种价值体系就是人与自然的和谐统一。

汉斯・梵・维尼（Hans Van Weenie）教授将绿色设计分为三个层次。第一层次为治理技术和产品设计，如“可回收性设计”（DFRC：Design For Recycling）、“为再使用而设计”（DFRU：Design For Reuse）、“可拆卸设计”（DFD：Design For Disassembly）等，其目标是减少、简化或取消产品废弃后处理过程和费用；第二层次为清洁预防技术与产品的设计，如“为预防而设计”（DFPP：Design For Pollution Preservation）、“为环境而设计”（DFE：Design For Environment）等，目标的设置目的是减少生命周期各阶段的污染；第三层次是为价值而设计，目标是可以提高产品的总价值。

（四）创新型的设计人才是绿色设计的主体

生态环保和节能减排是我国纺织服装产业“十三五”期间的重要任务，它不仅关系到我国纺织服装产业的结构调整、产业技术发展方向和服装市场消费时尚的流行趋势，同时也将对我国纺织服装业的技术走向产生深远的影响。

现代高新技术的发展，使纺织服装行业在面料生产、染织工艺改进、加工工艺的进步、设计理念和方法创新、消费时尚的更新等领域都发生了巨大变化。这要求服装设计师要从过去由单纯创意的范畴向绿色生态服装潮流的引导者和创造者的角色转变，服装设计师必须主动去适应这种社会和经济发展的需求。

生态纺织服装设计是把绿色环保生活方式的文化内涵与生态环保时尚相融合，去体现人们崇尚自然、追求健康、安全舒适的生活理念的物化表达。这种绿色低碳生活方式、审美理念、消费趋势赋予了设计师新的使命和挑战。设计师是绿色设计的主体，他们必须是掌握绿色设计知识和设计技能的创造性人才，才能满足生态纺织服装产业发展的需求。

三、绿色设计的特点

生态纺织服装的绿色设计的主要特点包括以下几个方面：

（一）拓展服装的文化内涵

服装绿色设计是一种文化形态的设计，是生态环境科学和艺术相互结合，自然科学和社会科学相融合的绿色设计新学科。

服装绿色设计要求把生态、安全、健康、环保的设计理念贯穿到生态纺织服装设计的全过程，具有鲜明的时代文化特征。

（二）扩大服装产品的生命周期

传统的纺织服装产品的生命周期是“从产品生产开始到消费使用为止”，产品的设计是一种开环的设计过程。绿色设计则是将纺织服装产品的生命周期扩大为“产品生产前的原辅料获取—生产加工过程—消费使用—回收处理”。这要求产品的设计是一种从整体优化的角度进行的闭环生命周期设计。不仅如此，这些过程在设计时要被并行考虑。设计过程中对产品提出了更高的生态要求，也赋予了设计人员更大的社会责任。

（三）保护和改善生态环境

绿色设计有利于纺织服装业的生态环境保护和改善，纺织服装业的发展已严重受制于生态环境的污染，绿色设计是一种从源头上解决纺织服装业环境污染的有效措施。

（四）减少资源消耗

绿色设计立足于节能减排、降低消耗、重视资源的利用和再生，因而减少了对材料资源和能源的需求，从而达到保护资源、合理使用的目的。

由于服装绿色设计具有促进绿色消费的作用，绿色消费必将加大对新型纺织服装材料的市场需求，也必定会加快对更多生态环保性能优良的纺织新材料和新产品的开发生产。

第二节　绿色纺织服装材料的开发和应用

一、绿色纺织材料概念

到目前为止，有关绿色纺织材料并无确切的定义。但从字面上看，绿色纺织材料这一名词已经很直观地表述了这一概念的一般意义，即无污染、无公害和有助于环境保护的纺织材料。人们对于颜色的感受具有高度的一致性。绿色象征着自然、生命、健康、舒适和活力。

绿色是无污染、无公害与环保的代名词。绿色产品作为绿色技术理论体系中的代表，在生活与生产中都发挥着至关重要的作用。专家指出，应从整个生命周期的维度来把握绿色产品的概念，只有其对环境与健康均有益时，才能称得上是绿色产品。由此绿色产品应具备以下特征：

（1）原料资源可再生或可重复利用。

（2）生产加工过程中对环境不会造成不利的影响。

（3）使用过程中，消费者的安全和健康以及环境不会受到损害；废弃以后能在自然条件下降解或不对环境造成新的污染。

很显然，要从产品的整个生命周期来评价某种产品是否是绿色的，从目前的生产技术水平和人们的观念发展来看，能符合要求的产品相当有限。但它对于整体推进绿色观念、绿色设计、清洁生产、绿色标志、绿色管理和绿色产品的发展具有积极的指导意义。

绿色纺织材料早已被列入了纺织生态学的研究范畴。这个学科涉及范围广泛，不局限于传统领域，还包括了多个新兴领域，且这些领域之间相互关联。该学科目前正在被相关部门和专家学者讨论和酝酿。然而，就其所探讨的主题和涉及的领域而言，应当包括纺织品的生产生态学、纺织品的消费生态学、废弃纺织品处理生态学三个方面。

（1）纺织品的生产生态学研究主要涉及以下方面：种植和采收植物纤维中，使用化肥、植物生长调节剂、防霉剂及各种防病虫害剂有可能给人类和环境带来的不利影响；动物纤维的生长过程受到动物放养环境、饲料类型和添加剂的影响；生产化学纤维所采用的工艺、选用的原料及资源的再利用和可持续性对环境造成的长远影响；废弃物的排放以及相应的处理方法等；各种纤维原料在加工过程中使用多种化学助剂、染料和其他处理剂存在的一些问题；纺织品化学处理工艺，如染整工艺等，对环境产生的影响以及服装成衣加工阶段中的布料定型工艺问题等。

（2）纺织品的消费生态学的研究关注点在于探究消费者使用纺织品时，纺织原材料和染料可能对健康和环境产生的潜在风险和安全问题，以期更好地保护消费者利益和环境健康。

（3）废弃纺织品处理生态学主要关注废弃纺织品的回收与利用，该领域覆盖了多种研究方向，对废弃纺织品进行分解并将其处理成无害物质。对处理废弃纺织品所产生的影响进行评估时，需要综合考虑多个因素。其中包括纺织原料、染料和助剂对环境产生的潜在危害，并采用有效的处理方法，最大限度地减少对生态环境和社会的不利影响。

二、绿色天然纤维

（一）蚕丝类纤维

我国古代劳动人民的众多发明创造之一，是丝绸。这种发明有着悠久的历史，闪耀着美丽的光芒，让人称赞不已。产生于古代的丝绸文化和产业对人类的文明和物质生活有着长远的影响。同时，丝绸文化也在促进各国人民之间友好交流方面发挥了巨大的积极作用。从陆地上的丝绸之路到东海上的丝绸之路，都是证明丝绸历史的最佳途径。现今，尽管时光飞逝，丝绸仍属于高贵的精细纺织品之一。它不仅是创造时尚且舒适、保暖的理想服装材料，而且随着人们的保健意识逐渐提高，对蚕丝的保健功效研究也展开了更深入的探究，将丝绸打造成为全新的保健品领域。真丝的保健品在我国和其他国家迅速兴起，取得了巨大成功并已经广泛生产。这些产品为促进人类的健康状况作出了新的贡献。在这里我们特别强调蚕丝和真丝对人体健康的好处。

1. 蚕丝的性状与组成

蚕有野蚕和家蚕两大类，野蚕又有柞蚕、蓖麻蚕、樟蚕、天蚕和柳蚕，只有家蚕和柞蚕吐出的丝能剿制成长丝，而其他的野蚕只能纺成绢丝（短纤维蚕丝）。家蚕吃桑叶长大，而桑叶在植物中是最富蛋白质，它含有约 6% 的蛋白质，家蚕能吸收其中 60% 的蛋白质，在体内转化成黏性强而无流动性的胶状液，成熟的家蚕以 10mm/s 的速度从口中吐出而成蚕丝，因而学名叫桑蚕丝。家蚕又有春蚕、夏蚕及秋蚕之分，春蚕的粗细约 1318μm（2.85～3.13dtex，或 2.58～2.82dtex），平均面积约为 70μm^2，它的短径和长径之比为 0.72～0.76。桑蚕丝由丝胶和丝素两部分组成，在外面的是丝胶 1，占 25%～30%，溶解于水；在里面的是丝素 2，占 70%～75%，不溶解于水；其他尚有蜡质脂肪等，占 1.2%～2.3%。每根丝素纤维由为 900～1400 根直径为 2000～4000A 的巨原纤所构成，或有 50～150 根直径为 0.3～3μm 的原纤所构成。桑蚕丝的长度为 1200～1500m。而柞蚕丝的丝胶含量比桑蚕丝少，为 15%～18%，它分布在丝素外围，并扩展到丝素内部，柞蚕丝的短径只有长径的 0.17～0.2，粗细为 13～18μm，丝长度为 500～1500m。

2. 桑蚕丝的主要性能

（1）光泽。桑套蚕丝具有其他纤维所没有的、柔和似宝石般的白光泽，这是由丝素纤维的断面形态、原纤结构，特别是表层的原纤结构，以及由多层丝胶、丝素形成的近似于与表面平行的层状结构所形成的。

在河北等地发现有少量的彩色天然丝。目前，经科研人员的研究发现，浙江、安徽、江苏和四川等地已经相继开发出各种家养彩色丝，由于其不需染色，而色牢度又好，所以发展前景很好，并都进入了中间性生产阶段，但目前还限于浅色色彩丝的开发。

（2）纤度。单根桑蚕丝的纤度为 2.86～3.13dtex（2.58/2.82 旦），而日常用的桑蚕丝多由 7～8 只蚕茧缫丝而成，因而日常用的桑蚕丝的常见粗细为 22.2～24.4dtex（20/22 旦），此外，还有 14.3～16.5dtex（13/15 旦）、26.4～28.6dtex（24/26 旦）、26.4～28.6dtex（24/26 旦）、29.7～31.9dtex（27/29 旦）等粗细不同规格的桑蚕丝。

（3）断裂强力，即蚕丝断裂时所能承受的最大强力。桑蚕丝为 2.96～3.97cN/dtex，而柞蚕丝为 2.73～3.00cN/dtex；桑蚕丝受湿后强力下降 20%，而柞蚕丝受湿后强力却上升 10%。

（4）断裂伸长率，即蚕丝断裂时的伸长率。桑蚕丝为 10%～22%，而柞蚕丝为 18%～21%；受湿后桑蚕丝的伸长上升 45%，而柞蚕丝的伸长却上升 72%。

（5）吸湿率是表示纤维吸收水分的多少。在 20℃、相对湿度为 65% 时，桑蚕丝的吸湿率为 11%（这就是日常称的标准回潮率，又称公定回潮率）。桑蚕丝是吸湿比较高的纤维，因而我们称它为亲水性纤维，即对水比较亲和的纤维，给生产带来方便，给人们的穿着带来舒适（主要纤维的吸湿率为：棉纱 7%～8%，羊毛 15%～17%，粘胶长丝 13%～15%，锦纶 4.2%～4.5%，涤纶 0.4%～0.5%，腈纶 1.2%～2%，醋酯 6%～7%）。

（6）桑蚕丝比重为 1.33～1.45g/cm³（棉为 1.54g/cm³，绵羊毛为 1.32g/cm³，苎麻为 1.54g～1.55g/cm³）。

（7）纤维的比热是指单位质量的纤维，在温度变化 1℃时所吸收或放出的热量，桑蚕丝为 1.38～1.39J/g·K（室温）（羊毛为 1.36J/g·K，棉为 1.21～1.34J/g·K，静止空气为 1.01J/g·K）。

（8）纤维的传热系数即当材料的厚度为 1m 及表面之间的温差为 1℃时，1 小时内通过 1m² 的材料传导的热量（室温 20℃测量）：桑蚕丝为 0.05～0.055kcal/m²·℃·h。

（9）抗紫外线性能。桑蚕丝中的氨基酸能与紫外线进行光化学反应，因而真丝能阻挡和减少太阳光中紫外线对人体的侵害。

（10）对酸、碱的抵抗力。对有机酸、弱酸作用很小，稀薄的有机酸如醋酸，会使蚕丝增加光泽及丝鸣感。蚕丝不耐碱，在 pH 达到 10 以上时，长时间处理会受损伤；蚕丝也不耐盐，在一定条件下，会溶解在一些盐类中。真丝不易发霉，也不易虫蛀。

（11）丝鸣。将精炼后的蚕丝置于酸性溶液中处理一下，放在一起用力摩擦，即产生悦耳的声响效果，称为“丝鸣”，丝鸣具有比较典型的乐声结构，即有丰富的低频振动和明显的谐波特征。

3. 真丝织物的保健功能

真丝具有优良的卫生保健功能，这是由真丝纤维的特殊性能所决定的，其优良的卫生保健功能表现在以下几方面：

（1）舒适感。首先是真丝能带来的视觉上的舒适感。穿着真丝的人散发着华丽、典雅和珠宝般的端庄气质，这是因为真丝柔和的光泽和它对肤色的熠熠生辉。这样的装束给人留下深刻的印象。此外，真丝柔软飘逸的质地，能够塑造身体线条的柔美多姿、妩媚动人、仪态万千。其次是关于触感的舒适性。纯真丝的质地让人感觉柔软、光滑，这种感受是其他纤维所无法匹敌的。这可以归于以下两个原因：一是真丝是由蛋白质纤维构成的，与人体皮肤具有极佳的亲和性；二是真丝能够在多种环境条件下保持舒适和温暖，是优秀的穿戴材料。真丝纤维细腻光滑，与人体皮肤摩擦时刺激最小。相比之下，纱布的刺激系数为 36.7%，棉为 20.5%，麻为 20%。羊毛为 16.7%，而蚕丝的刺激系数最低，仅为 7.4%。人体皮肤的 pH 值在 6～6.5，呈微酸性，与真丝的 pH 值相似。由于存在这两个原因，真丝拥有无与伦比的触感舒适性。

（2）极佳的保温性。真丝纤维或织物因为纤维细度较高，空隙率达到 38%，并且经过加捻和编织后，最终织物的空隙率可以高达 70%。由于空气的导热性较差，因此真丝纤维或织物具有良好的保温性能。相比于包括棉纱在内的绝大多数纺织纤维，蚕丝本身具有较低的导热性。因此，在极寒的冬季，穿着真丝衣服走出温暖的室内进入户外时，真丝的纤维能缓慢地释放热量，因其优异的保温性能，使织物不会立即降温，从而为人们提供良好的缓冲降温效果，让人们不会马上感到寒冷。真丝衣服有一个特性，就是在夏天穿着时，能够缓慢吸收并传递身体周围的热量，不会立即让身体升温，这个特性被称为真丝的“热惰性”，其他纤维无法达到这个效果。

（3）良好的吸湿、透湿性。不管春、夏、秋、冬，人体的皮肤都在“呼吸”，一般每人每天通过皮肤向外散发 1500～2000g 水分，平均排汗量为 63～83g/m²，在皮肤表面的排汗量小于 30～40g/m² 时，为“无感散发”。当皮肤排出的汗水不能经过衣服而散出，即在衣服与皮肤间形成高湿区，人体感到极度不舒服，而随汗液排出的各种废物若积聚在人体汗孔或皮肤表面，形成“湿阻”，则会引发皮肤病，健康人的皮肤角质层中含有 10%～20% 的水分，而真丝的标准回潮率为 11%，和人体皮肤含有的水分接近。而其特殊的物理和化学结构，许多微细单纤维的空隙及多肽链上的许多处于分子空间表面的亲水基团，极易吸收汗水，并能逐渐将汗水向外部空间散发。因此，真丝具有适应外界温湿度变化而及时对湿度进行调节的作用，使人体始终保持一定的水分，保持人体皮肤湿润，防止干裂。

蚕丝的纤维极细而又柔软，极易产生原纤化，即织物的表面极易产生微细的茸毛，它能扫除附在人体上的污物和细菌，因而使人体的皮肤保持较好的清洁度。日本有一位医学博士经过长期的研究观察得出结论，认为真丝针织内衣是最理想的内衣。

（4）防止皮肤受紫外线照射和热辐射。太阳产生的光线中包含大量紫外线。虽然一部分紫外线被大气层中的臭氧层吸收，但仍有 5%～10% 的紫外线可达到地面。大气中的臭氧层能够吸收来自太阳的紫外线辐射，以保护地球生物免受辐射的危害。

一定程度的紫外线照射对人体有益，但过度照射就会对皮肤造成极大损害。随着臭氧层破坏的加剧，紫外线对人体的危害不断增加，会导致皮肤老化，产生皱纹和黑斑，并削弱人体免疫力，严重的情况下还可能引起皮肤癌。泛黄现象指的是真丝出现的颜色变黄的现象。这种现象是由于真丝中的氨基酸在紫外线的作用下发生光化学反应所导致的。有人赞美说：真丝面料能够阻挡紫外线，为了保护人类的健康，它毫不犹豫地献出了自己。

黑素细胞存在于人体的表皮层中，这种细胞在紫外线的照射下，可以和酪氨酸酶起氧化反应进而生成黑色素，这是皮肤变黑的原因所在。蚕丝可以有效地减少紫外线的影响作用，与此同时蚕丝具有的丝肽对黑色素有明显的抑制作用。当丝肽浓度为 25% 时，对人体皮肤产生的黑色素的抑制率可高达 70%。

真丝在受到热辐射时，反射的热较多而吸收较少，即具有较好的抗热辐射性能。经测定，真丝与其他纤维织成的织物一起在相当的热源照射下，表面温度最低，说明真丝具有较好的隔热作用。

（5）真丝的其他性能。真丝织物由于有较大的空隙率，因而具有很好的吸音性和吸气性，所以真丝被作为很多高级迎宾馆的墙壁装饰料。另外，由于蚕丝有吸湿、放湿性能以及较好的保温性，用作墙壁装饰后，可以调节室内的温湿度，并能将有害气体、灰尘、微生物等吸收，使装修的室内形成一个天然的绿色空调室。

蚕丝的热变性小，加热到 100℃时只有 5%～8% 纤维脆化，加热到 150℃时有 10%～15% 的纤维脆化，加热到 200℃时也只有 30% 发脆，因而比较耐热；蚕丝的燃烧温度为 300～400℃，属难燃纤维，而合成纤维在 200～260℃即产生熔融、燃烧，所以采用蚕丝织物作为室内装饰，还能起到防火的作用。

蚕丝由于其具有的蛋白质结构以及较高的吸湿率，所以不容易产生静电。在干燥的空气中，1 毫升空气约含有 13 万个尘埃，而这些尘埃中又含有各种细菌，当衣服产生静电时，这些尘埃和细菌就会大量地吸附在衣服上，而危及人体的健康，真丝却可以避免这些缺陷。蚕丝在干燥状态时也不会导电，因而真丝是优良的绝缘材料。

由于桑蚕丝的“丝鸣”作用，不但使人有一种声感上的享受外，而且通过低频振动，能使皮肤获得一种特有的快感；并由于动摩擦系数小而造成的黏滑运动特征，可使人在触觉上获得一种特殊的“糯感”。

真丝由于有优良的保健功能，所以被称为“保健纤维”，其织成的真丝做成的服装特别是真丝针织内衣，被称为“人体的第二肌肤”，具有极高的保健功能，人们把它作为保健功能服装的首选材料。此外，茧衣是制作真丝丝绵被的上等材料，真丝丝绵被的热传导率极小且体积蓬松，保暖性和羽绒被相同，比羊毛被、驼毛被高一倍；透气性比羽绒被高出一倍；柔韧性是羽绒被的一倍以上，远远高于羊毛被、驼毛被、棉花被；对人体的亲和性是羽绒被、羊毛被的二倍；而且吸湿、防霉、抗菌。由科技人员将六种被子的保暖性、透气性、吸湿性、回弹性、柔软性、人体亲和性、防霉防菌性和季节的适用性能单项评分，然后综合考评，得到六种被子的综合指数分别为丝绵被 96、羽绒被 64、羊毛被 52、驼毛被 52、棉花被 56、化纤被 48，丝绵被是各种被子中最优异和最受人们欢迎的。特别是无纺技术的突破，将茧衣切断成 50～60mm 长的短纤，再用针刺技术或黏合技术，做成无纺真丝被，则可以不用翻拆而长期使用，若处以功能性整理，则对人体的保健功能将更为优异。茧衣和废茧丝除了可以缫丝、绢纺、制棉以外，还可以制作茧毛，代替羊毛和骆驼毛，茧毛不易虫蛀。

（二）有机棉

现代棉花种植业一般采用大量的化学肥料和农药，比如杀虫剂、除草剂、防霉剂和落叶剂等。这些方法被广泛应用，旨在提高产量、预防病虫害、应对自然灾害、并减轻田间劳动。这已成为行业内必不可少的做法。然而，这种情况所带来的后果不可避免地会导致土地紧实的现象，这会对土壤和水系造成污染，并留下有害物质在棉纤维内，这些问题已逐渐引起人们的关注和担忧。在环境良好的前提下，借助现代农业和生物学技术来促进棉花健康生长，同时避免使用化学肥料和农药对生态环境造成危害成了研究的重点课题。

在棉花种植中，虫害是一个让人十分苦恼的问题。有机棉种植者可以通过使用生物学知识来预防虫害，而无须使用任何杀虫剂。通过增加瓢虫的数量，可以有效地应对棉田里的象鼻虫害，从而保护棉花在开花期间的生长。为了吸引害虫，可以在棉田周围种植生长速度较快的甜玉米或锦葵等杂谷类植物，而不是棉花本身。此外，这些植物不仅可以作为天然屏障来保护棉田，还可以被用作家畜的饲料以及制作有机肥料的材料。利用机械化手段将土覆盖在杂草上以控制其生长。在机械难以到达的区域，可以使用人工的方法进行除草。有机肥料被应用于棉花的生长。得克萨斯州是全球最大的牛肉生产地之一，因此可以利用牛粪作为肥料，施用于棉田。有机棉一般生长于适宜种植的寒冷气候地区，比如高原地区，这种棉花通常会在秋季落叶。到了 11 月初，棉叶自然枯萎并脱落，这避免了使用落叶剂的需要。冬季的寒冷还有一个好处，能有效地消灭土壤中残留的害虫。因此，有机棉的兴起受到多方面因素的影响，包括公众环保意识程度、自然条件的适宜性以及利用新知识和技术的能力等因素。要保证产品从种植到成品全过程天然无污染，关键是要使用有机肥料，采用生物防治病虫害和自然耕作技术，避免使用化学农药。

为了确保没有混乱和劣质产品对经济带来负面影响，有机棉生产和销售采用了严格的认证制度和标准。只有在棉花种植方式符合以下四个标准时，才能被认定为有机棉：第一，在四个种植周期中至少三年不得使用化学肥料和农药；第二，种子必须是未经过农药处理的；第三，禁止使用杀虫剂、除草剂和落叶剂；第四，有机棉的种植土地必须与进行非有机种植的土地分隔开来。

自20世纪80年代末起源于土耳其的有机棉生产，如今已经在全球范围内得到推广，包括但不限于美国、印度、中国、巴西、哥伦比亚、希腊、日本、埃及以及地中海东沿岸等十多个国家。我国自20世纪90年代后期开始注重有机棉的探索，主要研究重点集中在新疆和山东两个基地。

全球已逐渐达成共同认识，即保护环境、回归自然。这也意味着在21世纪，人们越来越追求那些自然、舒适、环保和生态安全的纺织产品。考虑到这个背景下的情况，有机棉的发展前景非常乐观，有可能成为一个新兴的产业。此外，在促进可持续农业的发展中，有机棉也被认为是非常关键的一个组成部分，并得到了许多国家政府在政策、经费及人才等方面的积极支持。这些举措将有助于加速有机棉的发展步伐。就棉纤维本身的性能而言，有机棉纤维与常规棉纤维相比并没有显著的优势，除了其具有环保特性之外。但是，有机棉纤维符合了绿色消费潮流的趋势。尽管它的价格普遍比普通棉花高出2～3倍，但它仍然供不应求。

新疆由于具备得天独厚的土地和自然条件，因此成为我国最大的棉花种植地区。只有在技术、资金、人才、标准和质量控制等关键领域得到充分支持，才能将新疆丰富的资源优势转化为经济和产业上的优势。这将促进我国有机棉产业的发展，为我国在国际纺织行业竞争中保持领先地位打下牢固基础。值得注意的是，虽然有机棉从纤维原料的角度具备了环保特性，但其后续加工过程，如纺纱、织造、染色等，是否同样使用环保材料和化学品，直接决定了最终纺织品是否具备环保特性。因此，有机棉纤维并不能完全保证最终产品是绿色环保的。

（三）麻类纤维

麻类纤维是一种可用于纺织加工的重要天然植物纤维。麻纤维指的是一类坚韧的皮纤维和叶纤维，采自于某些植物的茎和叶部分，主要用于纺织用途。韧皮纤维包括兰麻、亚麻、黄麻、洋麻、大麻、青麻和罗布麻；而叶纤维则包括蕉麻、剑麻和凤梨麻。共麻、亚麻和罗布麻是制作纺织品的主要麻纤维品种。我国可以得到丰富的麻类纤维资源，其中以苎麻最为著名。由于麻类纤维的高强度和耐腐烂性，通常被广泛地用于制作夏季服装、帆布、消防水带以及包装材料等。苎麻属于荨麻科，是一种多年生的草本植物。它的茎部富含坚韧有光泽的韧皮纤维，可抵抗霉菌侵蚀，易于染色，并且不易出现皱缩现象。从苎麻开始，经过拣选、煮炼、打洗、涂油、烘干、软化、堆放、开松、梳理、并条、制成粗纱和细纱，然后再进行织造、印染和后整理等工序，最终得到纺织品。苎麻可采用独立的纺纱方法，也可与其他纤维混合以进行纺织。目前，苎麻纤维的主要来源是通过人工种植的方式得到的。

亚麻和大麻是属于不同科的草本植物，亚麻属于亚麻科，而大麻则属于桑科，它们的生命周期都为一年。我国东北地区种植亚麻较为常见，根据用途可以分为三种：用于纤维的亚麻、用于榨油的亚麻以及既可用于纤维也可榨油的亚麻。亚麻的茎部纤维非常细且坚韧，它具有长久耐用的特性，并且不容易因为水分而腐烂，因此适合用于纺织品制造。我们可以通过将亚麻茎中的韧皮纤维进行浸泡发酵处理，去除部分胶质。将茎秆破碎并拍打，以清除其中的木质和杂质。使用荡筛来筛选短麻，以便回收可用于纺织的部分。针对亚麻和大麻这两种纤维素材料，可采用长麻纺纱或短麻纺纱的加工方式。将亚麻或大麻经过分级后，送至栉梳机上进行梳理。经过多次梳理、条理和粗细加工后，所得长纤维制成的长麻纱可用于制作服装或帆布；而栉梳机上梳掉的短麻绒经过后续的加工过程，制成的短麻纱则适用于制造帆布或包装用织物。亚麻可以与合成纤维混合使用。

由于麻类纤维具有独特的物理特性，在开发纺织品时，主要用于制作粗针织品和透气的产品。虽然麻类纤维的资源和应用范围有限，但由于其在特定领域的优越性能，它并不是纺织品材料的主流。最近，人们开始逐渐意识到罗布麻具有药用价值，并对人体健康有益。因此，罗布麻纤维及其产品的研发和应用成为麻纤维领域的一个重要热点。

（四）竹纤维

2001 年，河北吉藁化纤厂首次利用竹子为原料，经水解、漂白等工序，制成竹浆粕，再经过人工催化，将甲种纤维素含量从 35% 左右提高到 93% 以上，经传统的粘胶生产工艺，生产出以竹子为原料的再生纤维素纤维，并将其命名为竹纤维，也有专家从专业的角度称之为竹浆纤维。

传统的粘胶纤维一般采用棉浆粕或木浆粕为原料，因我国森林资源贫乏，用于种植棉花的土地资源也十分有限，寻求新的再生纤维素纤维原料资源已成为一种新的发展趋势。我国的竹子资源相当丰富，共有 40 多个品种，竹林面积达 420 万公顷，总量约占全球的 30% 以上。竹浆纤维的开发成功，对缓解植物纤维原料的供需矛盾、强化森林资源的综合利用和保护以及我国丰富的竹子资源的合理开发利用、将贫困山区的资源优势转化为经济优势都具有积极的意义。

竹子作为一种在自然界广泛分布的物种，在我国具有得天独厚的资源优势。我国每年可伐毛竹 5 亿多根，各类中小径竹 300 多万吨。我国的竹子品质较好，丛生竹纤维长度在 2.2mm 以上的竹子有 26 种，纤维素含量在 44%～50% 的有 27 种，在 50% 以上的有 12 种。在竹子自然生长过程中，无虫蛀，不会腐烂，无须使用任何化肥和农药，很少受到外界各种有害物质的污染，一般 4～5 年即可成林，是一种速生的高产纤维素原料。

其实，竹浆纤维的最大亮点还在于它出色的抗菌性能。研究表明，竹浆纤维对革兰氏阳性菌（如金黄色葡萄球菌）、革兰氏阴性菌（如大肠杆菌）和部分真菌（如白念珠菌）都具有广谱抗菌效果。有专家称这是由于竹子中含有天然抗菌成分——“竹醌”。但竹子纤维经过制浆、浸渍、老化、黄化、溶解、熟成、再生等一系列化学处理和反应过程，如何保证这种抗菌物质不流失和不发生化学变化，使最终产品仍能保持良好的抗菌性能的机理，并未有人做过深入的研究，甚至可以说是知之甚少。

目前，采用竹浆纤维原料开发的各种针织、机织面料纷纷上市，这些面料特别适合于各种内衣、袜子等产品的开发。与此同时，用竹浆纤维制作的各种家用纺织产品、卫生用品和非织造产品也广受追捧，竹浆纤维与其他纤维的混纺产品也层出不穷，市场开发前景良好。

三、Lyocell 纤维

Lyocell 纤维是从纤维素的有机溶液中通过溶解纺丝而得到的再生纤维素纤维。欧盟（EU）97137EG 指令将 Lyocell 纤维及其纺织品的符号规定为 GLY。

其生产过程没有如传统的人造纤维生产方法，都是在强碱溶液中进行纺丝，存在环境污染问题。溶剂法 Lyocell 纤维是将木浆粕溶解在 N–Methylmorpholine–N–Oxide（IVMMTIO：N —甲基吗啉氧化物）与水的混合物中。纤维素在常压、90～120℃之间被溶解，形成具有假塑性的、稳定的浓溶液（10%～20%），经过滤后纺丝，在稀氧化氨溶液的凝固液中使纤维素沉淀而形成纤维。经洗涤、干燥卷曲、切段成短纤维。从纺丝和洗涤工序流出的稀氧化氨溶液，经脱水净化后进行回用，从而形成一个封闭的循环系统。

由于氧化氮无毒，不存在传统纺丝法中含硫化合物的污染问题，而且氧化氮溶剂可以完全回收，整个生产过程及排放废水废气标准完全符合安全生产和环保的规定。

因此 Lyocell 纤维是世界上第一个绿色环保型再生纤维素纤维。

除了环境保护方面的原因外，Lyocell 纤维本身是一种纤维素纤维，它除具有普通纤维素纤维的舒适性等性能外，还具有许多普通纤维素纤维不具备的特殊性能。如表 2–2–1 所示，为 Lyocell 纤维与其他纤维素纤维的物理机械性能比较。

表 2-2-1 Lyocell 纤维与其他纤维素纤维的物理机械性能比较

指标	Lyocell 纤维	常规粘胶纤维	高湿模量粘胶纤维	美国中级棉	涤纶
线密度 tex	0.17	0.17	0.17	/	0.17
干强 /Mn.tex-1	0.53～0.55	0.27～0.28	0.46～0.48	0.27～0.32	0.53～0.67
干伸 /%	14～16	20～25	13～15	7～9	44～45
湿强 /Mn.tex-1	0.47～0.51	0.12～0.19	0.26～0.28	0.34～0.4	0.53～0.67
湿伸 /%	16～18	15～30	13～15	12～14	44～45
吸水率 /%	65	90	75	50	3

四、可降解纤维

由某些合成高分子材料的非生物降解性所造成的“白色污染”已成为一大公害。天然纤维和某些化学纤维、合成纤维因本身具有生物可降解性，故在废弃后，在自然环境中，由于微生物的作用而发生降解，不会对环境造成长期的或永久性的污染。而目前用于合成纤维的大部分合成材料不具有生物降解性。从长远看，这些废弃物的回收再利用，无论是从资源的再生、减少环境的污染和有利于生态平衡来说都是最可取的办法，但在实际操作中，存在不少障碍，如：

（1）许多废弃的纺织品可能是由多种纤维材料制成的，目前尚无经济有效的办法将其分离后再回收利用。

（2）纺织成品大多经过各种化学处理，不同程度地附有多种染料和其他添加助剂。

（3）废弃纺织品的形态各异，可以是服装，也可以是各种产业用的纺织品，增加了处理的难度。

（4）缺乏有效的低成本的回收途径。

（5）消费者对利用回收材料制成的产品的接受程度尚不高。所有这些情况，不仅使废弃纺织品回收的难度大大增加，而且使回收利用的成本大大超过可以承受的能力。因而，在目前情况下，加强对可降解合成纤维的研究开发就成了减少废弃纺织品对环境造成的污染的有效途径。

天然高分子纤维材料和某些合成材料本身具备微生物分解能力，棉和Lyocell纤维等纤维素纤维、甲壳素纤维及聚乳酸纤维等，用这些纤维材料制成的纺织品废弃后，在自然环境中，由于微生物的作用而发生酶水解，最后变为水和二氧化碳，从而实现生态循环的过程。

对于常规的非生物降解型合成纤维材料，目前采用两种方法来进行改性，使其具有可降解性。一种方法是将淀粉与高分子材料共混熔融纺丝，另一种方法则是在高分子材料中加入光降解剂和辅助剂。

采用淀粉与高分子材料共混，可以使淀粉很均匀地分散于共混体中。就其流变性能而言，淀粉作为填料而使共混体的流变性能发生变化，在大多数情况下，它会使熔体黏度增大。用这种改性高分子材料制成的纺织品在废弃后，自然界中的微生物会将其中的淀粉作为食源，为自己的代谢提供所需的能量和细胞生长所需的碳。这种材料生物降解后，高分子链本身并未受到彻底破坏，只是形态转换成碎屑和粉末状，因而，其残留物仍是一种生物不可分解的二次污染物。这个问题至今仍未得到彻底解决，但其对生态环境的改善具有十分积极的意义。光降解纤维是通过在纤维用高分子材料中加入光降解剂和光降解助剂而制成的。通常，光降解剂和光降解助剂是有一定碳链长度的小分子有机化合物。高分子材料加入光降解剂后，会在紫外光的作用下发生催化氧化降解，使大分子链断裂成小分子化合物。光降解助剂的作用，是为了防止高分子在降解过程中产生的自由基相互作用，而使分子间发生交联。光降解剂的加入，可使高分子材料得到润滑作用而使熔体的表观黏度下降，有利于改善纺丝性能。同样，由于对紫外光的敏感，光降解纤维的使用和贮存受到很大的局限，如何找到最佳平衡点，正是科学家们目前正在努力的工作目标。另外，兼具两者长处的具有生物降解和光降解两种性能的双降解高分子材料已经面世。

五、用回收废料制成的纤维

有效回收和利用不易降解的聚合物材料废弃物是降低环境污染的关键措施之一，同时也是充分利用资源的重要途径。虽然回收纺织品等非降解性高分子材料制成的废弃物是有许多困难的，但在化纤工业中，回收热塑性高分子材料已经成为一个综合经济部门的实际工作。

在合成纤维中，聚酯是生产量最高的一种类型。聚酯是一种多用途的材料，除了用于制造纤维以外，还广泛应用于制造磁性记录材料、胶片以及各种类型的瓶子等。现在，我国已经成功开发了将废弃瓶料、聚酯纤维等回收材料经过破碎、粒化、再纺织处理后，制成高品质的地毯纤维和有色纤维，实现了工业化生产的目标。此外，经过回收废料制成的聚酯纤维已经成功地应用于休闲服装中，并且还获得了生态标识的认证。这种名为“绿色纤维”的新型材料的出现，对于保护环境和维护生态平衡具有重要意义。

至今，聚酯回收技术已发展成熟，并已在全球范围内广泛采用大量设备运作。当前废料回收率较低，需要高额的投资来建设回收设备。考虑到运营和回收成本，使用回收废料生产绿色纤维并无经济上的优势，因此我们计划通过 3E（Encourage、Environmental、Excellence，即促进环境优化）运动，鼓励更多消费者和用户使用这种绿色纺织品，以促进环境优化。

通常情况下，可以采用熔融再造粒的方法来回收那些以不可逆的聚合反应为基础聚合形成的聚烯烃废料。但是，经过再利用后再用于纺织方面时，其品质会受到一定的影响。目前，这些废料主要被用于吹塑膜领域。

六、具有保健功能的纤维

（一）抗菌纤维

以前人们用的原料几乎都是来源于自然界的纤维。天然纤维在适宜的环境下具有吸水性和易被微生物侵蚀的属性，这会让大分子迅速被微生物酶水解，影响纺织品抗霉抗腐蚀性，同时会降低其力学性能。相比于微生物栖息的自然环境，人的皮肤含有丰富的营养，是微生物生长的理想之地。皮肤剥落、汗液和体液的分泌，再加上适宜的温湿度条件，创造出了细菌生长的理想环境。通常情况下，人体皮肤上的常驻菌会帮助我们防御有害菌的入侵，起到保护作用。然而，如果微生物群落失衡，致病菌数量可能会快速增长，并通过皮肤、呼吸道和消化道等途径对我们的身体造成威胁。人们在穿纺织品时，纺织品上往往会沾上许多汗液、皮脂和其他分泌物，同时也会被环境中的污垢所污染。这些污垢及微生物在高湿度环境中繁殖，纺织品就成为它们繁殖的理想场所。因此，纺织品常常被用作致病菌繁殖和传播的重要途径。人们普遍认为，纺织品抗菌能力不仅可以避免微生物滋扰造成的损坏，而且可以防止致病菌通过纺织品传播，抑制病原体在纤维上的滋生和繁殖，并防止细菌分解组织产生臭味（通常是有机酸和胺），从而预防皮肤炎和其他疾病的发生。

至今仍在使用的最古老的纺织品抗菌、防霉、防臭处理方法是经过后期处理的。通过进行后期处理，纤维、纱线、织物和成衣都可以被赋予抗菌性能。纺织品制造商可以根据用户的需求或用途，自由选择使用不同种类的抗菌药剂生产纺织品。这些纺织品具有多种不同的抗菌性能，包括对许多不同类型的菌类表现出强大的抗菌效果，如革兰阳性菌、革兰阴性菌、酵母菌、真菌以及霉菌。虽然它易于加工，但其后处理方法存在一个重要的缺陷，即其抗菌效果的持久性不如人意。对于一些只使用一次后就弃置的纺织品而言，这个缺点还不至于带来太大的问题。然而，针对经常需要清洗的衣物、床上用品和装饰物等，使用十次后，其抗菌效果将会明显减弱或完全失效。尽管在某些抗菌处理方法中采用了含有活性基团的抗菌剂来交联处理纤维，但由于这些方法不能保持持久或永久的抗菌效果，使得它们难以符合消费者或医疗卫生行业的要求。因为天然纤维不容易被改性以达到抗菌效果，因此至今为止，以后处理方式仍然是用天然纤维制造的纺织品进行抗菌处理。

随着化学纤维的迅速发展及其在纤维消费市场中逐渐占主导地位，混纺或者纯化纤的不同种类产品已经成为各种纺织品的主要成分。随着人们对化学纤维的了解逐渐深入，人们开始在纤维改性方面寻找更广泛的改进机会，以实现长期的纺织品抗菌效果，因此纺织品抗菌处理的重心已经转向了纤维的改性。自 20 世纪 80 年代以来，国际上逐渐开始采用改性高分子结构和混合技术来制造持久性的抗菌化学纤维。其中，共混方式是最为常用的一种方法。在化纤共混纺丝的早期，常使用含金属离子的复合物作为抗菌剂。但值得注意的是，这些抗菌剂中也有很多重金属离子。近年来，人们越来越重视环保意识，深刻认识到重金属离子对人体健康的不良影响。因此，一些抗菌剂含有重金属离子，虽然抗菌效果很好，但其毒性较大，已经逐渐被淘汰。现在，人们越来越倾向于使用无害的金属氧化物、盐以及不含重金属离子，但含有活性金属离子的无机非金属化合物来进行抗菌。这些抗菌剂被广泛用于改性纤维素混合物中，例如含有 Ag 沸石、Zn、Cu 复合物和 TiO_2 等物质。这种抗菌剂可以广泛杀灭细菌，对人体安全无害，且在高温下仍然稳定，更适合用于混合纺丝制作。当前，许多国际企业和极少数国内企业已研发了多种抗菌合成纤维，其中大多采用含有 Ag 沸石的抗菌剂。此外，还有一些抗菌纤维，如抗菌醋酸纤维、抗菌粘胶纤维和抗菌腈纶纤维等是通过湿纺或溶剂纺的方式生产而来的。在纺丝过程中，这些纤维中都添加了抗菌剂，因此它们具有持久的抗菌效果。报道称，一些使用于纤维制品中的抗菌剂存在毒性问题和对菌种覆盖面不足的缺陷。

抗菌纤维或纺织品可通过溶出型和非溶出型两种方式实现抗菌。抗菌剂在溶出型样品中可在培养基上通过扩散作用形成抑菌环，抑菌环内的细菌会被杀死并失去生长能力。非溶出型样品不会溶出抑菌物质，但其能够吸附并杀死接触的细菌，因此在样品周围不会形成抑菌环，细菌在样品表面无法存活或繁殖。这种方式被称为吸附灭菌。

显而易见的是，通过纤维改性来制造具有持久性抗菌效果的抗菌纤维是非常优秀的。但是，在选择适用的抗菌剂方面，我们面临许多困难。目前，生产抗菌纤维的常用方法是共混法，该方法采用含有抗菌作用的无机添加剂，主要包括

Ag、Zu、Cu 等金属元素的无机化合物，其中含 Ag 沸石是最主要的添加剂。然而，由于其耐热性不佳，一些有机抗菌剂并不适用于熔融纺丝工艺。尽管一些聚丙烯纺丝的研究报道中出现了这些抗菌剂，但产业化生产尚未实现。虽然已经成功将含 Ag 沸石用于制备 PET、PP、PA、PE/PP 抗菌纤维，但仍然存在许多问题。Ag 沸石很难完全满足规定的颗粒大小要求，再加上粒子的分布不均匀，这可能会导致喷丝板堵塞或断头，给稳定的生产造成不便；Ag 离子容易氧化并导致颜色变化，会对产品质量产生影响；Ag 离子对抑制细菌亦见成效，唯对于真菌的影响则稍有欠缺；由于采用无机粉术，需要限制添加量，以保证最终产品的抗菌性能，并因此对各种混纺产品的研发产生负面影响；纤维成纱的过程和织物染色过程都需要有针对性地作出调整。

（二）远红外纤维

被称为远红外辐射功能性纤维的一类纤维，具备辐射远红外的功效。向纤维中添加远红外辐射功能的添加剂，可吸收环境或人体释放的电磁波，并在波长 2.5～30 μ m 的范围内辐射出远红外线。这是因为添加剂中的分子从低能级向高能级跃迁后，再从高能级回到低能级时，会辐射出远红外线。远红外线辐射以 4～14 μ m 的波长发出电磁波，这种波长与人体细胞的水分振动频率相同。因此，当人体表面暴露在这种辐射下时，会引起表面细胞的共振和热效应，从而促进微循环和细胞活性。这种热效应带来了保暖、保健、促进人体新陈代谢和提高免疫力等多种益处。

远红外纤维的开发始于 20 世纪 80 年代。受太阳能发电的启发，人们开发了具有吸热、蓄热特性的碳化锆保温纤维。日本在远红外纤维的研究开发中倾注了巨大的热情并取得了巨大的成功。旭化成、东丽、ESN、钟纺、可乐丽、东洋纺和尤尼吉卡等日本著名的化纤生产企业都已经实现了远红外纤维的多品种规模化生产。

我国远红外纤维的开发研究始于 20 世纪 90 年代，早期的开发从织物的远红外功能开始，而后转到纤维的开发。到目前为止，我国的远红外纤维研究开发已取得相当好的进展，并在部分纤维品种上实现了规模化的生产。从总体上看，我国远红外纤维的发展是在所有功能性纤维的开发中开发最早、产业化和商品化程度最高的。目前为止，所有商业化生产的远红外纤维都是通过混合不同纤维制成的。这些纤维包括远红外涤纶、远红外丙纶、远红外锦纶、远红外粘胶和远红外腈纶等多种类型。这些远红外纤维除了具备了远红外线辐射的特性之外，其他物理性能与普通纤维相类似，所以在应用方面并没有太多的额外要求。远红外涤纶和远红外丙纶主要用于各种具有保暖功能的冬季防寒服、絮棉、运动服、工作服、风衣、窗帘、地毯、床垫、睡袋以及保健枕头、保健被褥、女性保健文胸和其他各种具有改善人体皮下组织微循环的保健产品。远红外锦纶多用于滑雪衫面料，如运动衫、紧身衣、防风运动服等产品。远红外粘胶由于具有吸湿透气、手感丰满、穿着舒适和悬垂性好等特点而主要用于内衣、贴身服饰和冬季薄型保暖内衣等产品和部分贴身使用的保健产品。远红外腈纶具有优异的耐蛀性和染色性，良好的蓬松感和舒适感，有类似于羊毛的手感，穿着的舒适性和透气性也大大优于其他的合成纤维，因此在袜子、手套、垫子、毛衣、枕巾、帽子、被子和毛毯等传统的应用领域有着很大的发展优势。

事实上，远红外线纤维的本质是以常规纤维为基础，增加了保暖和促进皮下组织微循环的属性。产品开发都以提高保暖和保健功能为目标，并在此基础上增加附加值。制造远红外纤维的关键技术在于选择具备远红外辐射性能的添加剂，并对混合纤维的工艺进行优化。一般而言，在制造远红外纤维的过程中，常会使用一种特殊的微粒子陶瓷粉末作为添加剂，以产生远红外辐射效应。这种陶瓷粉末在常温下就能发挥作用，且其粒径通常不大于 0.5 μ m。这种陶瓷粉通常由金属氧化物或金属碳化物构成，例如氧化铝、氧化锆等。

实际上，远红外纤维的保暖效果和促进人体微循环的作用是不同的。远红外纤维的保暖效果出色，其机理是吸收周围电磁波辐射的能量并以远红外线形式释放，同时将人体散发出的远红外线反射回体内，有效地避免体温流失，因此能够制成极佳的保温服装。远红外纤维的作用是促进人体微循环，这是因为它可以吸收主要来自可见光的电磁辐射，在人体表面释放远红外线并反射回人体内部，从而对表面细胞产生影响。这些远红外线的振动频率与分子的热运动频率相一致，这样就会提升分子的热能级，并推动皮下组织的微循环和代谢。毋庸置疑，为了达成这些目标，必须满足若干关键前提。首先，需要吸收外界的能量。其次，需要与皮肤直接接触。只有在内衣中使用远红外线纤维，才能有效地促进微循环，因为普通纺织品的远红外线穿透能力受限。尽管如此做可以反射人体散发的远红外线，但它会减少吸收外界能量的方式，因此它所反射的能量相对较少。

不可否认，对于远红外纤维而言，其具有保暖和促进微循环的有效作用是确定无疑的。此外，随着时间的推移，消费者和市场对于具有轻便保暖功能的衣物、冬季保暖服饰以及能促进微循环健康的产品的需求越来越大，这也导致了远红外线纤维制品的销售量大幅增长。随着全球消费趋势的变化，远红外纤维产品的前景非常乐观。未来将会有更多的关注点集中在两个方面。一是需要充分了解远红外纤维的作用原理，在此基础上准确定位产品功能，以达到更加合理的产品设计，发挥纤维的独特功能。二是远红外纤维将在更广泛的领域得到应用，一系列新产品也将不断涌现。

（三）抗紫外纤维

地球接收到的阳光包含紫外线（占总量的 5%）、可见光（占总量的 50%）和红外线（占总量的 45%）。紫外线包括三种波长：UV–B 波段（280～320nm）和 UV–A 波段（320～400nm）是强度较高的波段，而 UV–C 波段则波长较短，能量更强。紫外线是一种电磁波，具有双重效应。一方面，它可以促进人体内维生素 D 的合成和钙的吸收，提高身体免疫力；另一方面，它还能杀菌、消毒，有助于清除致病菌和微生物。然而，若暴露于过量的紫外线下，人体皮肤可能会出现红斑、皮炎、色素沉积等问题，甚至可能导致皮肤癌。研究显示，虽然 UV–C 波段的紫外线对人体产生影响，但它们主要被臭氧层和空气阻隔在高空中，因此在地面层面对人类的影响相对较小。UV–B 是导致皮肤癌的主要紫外线波段，它的病理作用最强，为 UV–A 的 1000 倍左右。因为工业化发展而导致的化学物质排放不断增加，臭氧在平流层逐渐减少，臭氧层空洞的形成使得紫外线照射加剧，对人类的影响也随之倍增。如何使用衣着或其他防护用品来预防紫外线的危害，成为人们关注的焦点。

要实现纺织品对紫外线的屏蔽或吸收功能，有三种方法可供选择。第一种是改变织物的组织结构，以提高织物对紫外线的隔离能力；第二种方法是给纺织品添加抗紫外线的特性，以便更好地保护它们；第三种方法是利用具备遮阳性能的纤维材料生产纺织品，以提高其防护紫外线的性能。

制造防紫外线纤维的过程涉及将具有阻隔或吸收紫外线作用的添加物与纤维素聚合物混合，再进行纺丝。混纺纤维可以通过两种方式制备。第一种是直接将添加剂和聚合物混合后制造；第二种是先制造母粒添加剂，再将母粒与聚合物混合制成混纺纤维。因为抗紫外功能添加剂被均匀加入纤维内部，抗紫外纤维和相应的纺织品在抵御紫外线方面比后处理方式制成的抗紫外纺织品效果更加持久，能够经受多次洗涤，且其手感柔软，更易于进行染色处理。

由于加入的抗紫外线添加剂的作用机理不同，抗紫外纤维的作用机理可分为两个大类。一种机理是采用能吸收紫外线的紫外线吸收剂，例如苯酚类化合物、2- 苯基苯酮类化合物、水杨酸酯类化合物等。这些添加剂能够吸收紫外线并将其转化为热能，从而达到保护材料的作用。另外一种是引入某些物质，它们可以强烈吸收紫外线并将其转化为其他形式的能量，以此减少紫外线的透过量。这些物质通常是一些有机化合物，如水杨酸酯类、金属离子螯合物等。它们能够吸收紫外线，然后促使分子发生能级转移，最终将能量转化为热能。接着，通过散失热量，这些物质能够减少紫外线的透过量。

事实上，纺织品本身的构造以及其他方面的原因使其具有出色的抗紫外线能力。因此，除了使用后处理技术或抗紫外纤维之外，还有其他方式可以赋予纺织品抗紫外线能力。虽然抗紫外纤维对于某些特殊产品来说是一种独特的优势，但它并不是使纺织品具有抗紫外线能力的唯一或主要手段。尽管制备抗紫外纤维的方法简单，相关产品已经投入市场，但产业规模仍未达到应有的水平。虽然目前其尚不能与市场主流产品竞争，但其发展前景广阔。目前，防晒效果良好的纤维主要应用于夏季服装面料、窗帘等家居纺织品的生产，也被广泛用于某些防护用品的制造。

第三节　绿色纺织品的开发和应用

一、纺织品的绿色技术

（一）纺织生产过程的绿色技术

纺织品的生态性质受到纤维本身的特性以及纺织加工过程的深刻影响。在纺织品生产中，纺织加工是一项不可或缺的重要环节，因此研究绿色技术在纺织生产过程中的应用，可以提高生产企业的环保意识，在后续加工过程中能够减少环境污染，从而更加有利于绿色纺织品的生产，为绿色纺织品的生产打下比较坚实的基础。

（二）纺织品染整加工中的绿色技术

在纺织品的生产过程中，有很多个环节，其中，染整加工环节是其中污染最为严重的一道工序，在纺织品上有时候会发现一些有害物质的附着，出现这种有害物质附着的主要原因就是染整加工环节的一些错误操作。目前，在染整加工过程中，有很多问题值得探究。例如，如何对染料和助剂的生态特性进行综合评估；生态型染整加工工艺的研究与开发用途是什么；在纺织品生产中采用哪种生态染整加工工艺；在染料的加工过程中有一系列工序和工艺，在这些工序和工艺方面，存在着哪些问题，如何对这些问题进行全面的评估；如何实现染整废水的综合利用和治理等。在纺织生态研究中，染整加工过程的生态研究具有至关重要的地位和作用，是当前备受关注的焦点。

（三）服装生产过程的绿色技术

尽管人们常常忽视服装生产过程中的绿色问题，但是，实际上，通过现实生活中的一些报道可以发现，许多纺织品生态问题与服装生产过程息息相关，这一点必须引起我们的高度关注。绿色服装或者是生态服装的生产过程需要综合考虑多个方面，这是一个相当复杂的问题。

二、绿色纺织加工技术

（一）纺织生产过程中的污染问题

在纺织生产过程中，污染问题主要集中在对人的身体健康的危害方面，主要可分为两个方面。一是噪声污染，会对人的听力方面造成损伤；二是纤维尘埃污染，会对人的呼吸道方面造成损伤。另外，在纺织生产过程中，纤维原料和浆料也会造成环境污染。不同来源的纤维往往其杂质以及有害物质的含量都有着很大的差别，在后续加工过程中容易造成环境污染。在纺织生产过程中，还必须考虑浆料的生物可降解性，如果浆料不能生物降解，那么后续也会造成一定的污染问题。

目前，在纺织生产过程中，一个十分重要的亟待解决的问题就是噪声污染问题，人们普遍认为 40dB 为正常环境声音（噪声卫生标准）[①]。噪声是由各种不同频率或幅度的声波组成，其特点是声能量大、传播距离长，具有一定强度的方向性及穿透力。目前，人们普遍认为超过 40dB 即为有害噪声。噪声对人体有多方面损害，其中以听觉损伤最为严重。其不仅对工作有干扰，还会对人的休息和睡眠产生影响，甚至可能导致消化神经、心血管等方面的疾病。如表 2–3–1 所示，为工作 40 年后噪声性耳聋发病率。

目前，许多国家都制定了听力标准，以防治噪声污染问题，保障人类的听觉健康。这些规定是根据对噪声危害程度和频率分布等方面的研究提出来的。当前，

① 闫斌．汽车文化 [M]. 成都：电子科技大学出版社，2019：38.

多数国家的听力保护标准为 90dB（A），该标准可确保 80% 的人得到有效的保护；也有一些国家规定低于这个值，在这些国家中 85dB（A）被指定为一种有效的保护措施，其受益人群要相对更高。由表 2–3–1 看出，要想保护 100% 的人群不耳聋，那么听力保护标准必须要在 80dB(A) 才可。在我国的听力标准《工业企业噪声卫生标准》（试行草案）规定，现有企业的听力标准应达到 90dB（A），而新建、改建企业的听力标准则标准更高，其听力标准要求达到 85dB（A），具体数据如表 2–3–2 所示。

表 2–3–1　工作 40 年后噪声性耳聋的发病率

噪声级（A）值 /dB	国际统计 /%	美国统计 /%
80	0	0
85	10	8
90	21	18
95	29	28
100	41	40

表 2–3–2　我国《工业企业噪声卫生标准》

噪声级（A）值 /dB		工作时间 /h
现有企业允许最高噪声	新建、扩建、改建企业	
90	85	8
93	88	4
96	91	2
99	94	1
最高不得超过 115dB（A）		

纺织浆料的使用过程对环境的污染主要来源于两个方面：一是调浆桶的清洗，清洗废水对环境造成污染；另一方面是剩浆的处理，许多浆料由于热黏度稳定性差、凝胶性强、易变质，剩浆只能排放掉，对纺织厂污水处理造成很大压力。常用的浆料有淀粉、变性淀粉、PVA浆料、丙烯酸类浆料，助剂有油剂、抗静电剂和防霉剂等。无论是浆料或助剂对环境都有一定的污染。另外由于丙烯酸结构不同，丙烯酸浆料的性能，COD、BOD指标如表2–3–3所示。

表2–3–3　不同浆料的COD、BOD比较

浆料	BOD	COD
变性淀粉	80	85
PVA浆料	10	157
丙烯酸浆料A	5	101
丙烯酸浆料B	60	157

PVA是严重的污染浆料，几年前中国纺织工业协会浆料生产应用部率先提出“不用或少用PVA”。纺织浆料是否属于环保浆料，不仅在于BOD和COD的高低，而更应该是浆料在废水处理后的流放水中能否把污染物质去除掉。浆料的可降解程度用BOD/COD表示。PVA浆料的可降解程度不足10%，而变性淀粉的可降解程度在80%以上。故尽可能地使用变性淀粉代替PVA。可大量取代PVA的变性淀粉目前研究方向有两个：一是高取代度的复合变性淀粉，另一研发方向是基因工程用于淀粉种子的变性。最后浆料回收技术也是解决污染的途径之一，美国超滤技术用于浆料回收已有二十年的经验。应用该技术，可将废浆液浓缩到12%～14%，达到回收再利用的目的。

（二）绿色纺织技术内容

1. 选择绿色纤维原料

要想使最终产品符合生态纺织品的标准，就需要选择绿色纤维原料。我国幅

员辽阔，各个地区之间土壤性质差异较大，不同地区纺织纤维的质量也有着很大的差别。有一些地方的土壤中重金属含量比较高，其纺织纤维中也会含有较高的重金属含量。因此，在选择纤维原料时，纺织企业必须从纺织生态学的角度出发，充分考虑纤维产地，选择有害物质含量较少的绿色纤维原料。

在生产绿色纺织品的过程中，选用绿色纤维原料是一项至关重要的措施。要提升纺织品的附加值，可以利用新型绿色纤维原料进行纺织品开发，如Lyocell纤维、天然彩色棉纤维、聚乳酸纤维等。

2. 治理噪声和纤尘

在纺织生产过程中，会出现一些噪声和纤尘，如果其采用的设备的技术水平与先进程度较高，所产生的噪声和纤尘就会比较少。但是，如果其采用的设备的技术水平与先进程度较低，那么所产生的噪声和纤尘就会比较多。

在纺织生产过程中，应当尽可能淘汰掉一些陈旧的纺织设备。在考虑新纺织生产设备时，还必须对其噪声和纤尘治理能力进行全面评估，选择除尘设备比较好的、噪声防治设施比较完备的设备，并根据具体情况对其进行优化和升级，对于噪声和纤尘问题进行治理。在生产过程中，对噪声和纤维进行有效治理，不仅有助于维护操作工人的身体健康，同时也能够提升工作效率。由于设备本身结构及使用条件的不同，噪声和粉尘产生的机理有所不同，因而需要采取针对性措施进行治理。企业经营者应当高度重视当前在噪声和纤尘治理领域积累的先进设备和经验，以确保治理效果的最大化。纺织厂应该采取各种措施降低噪声，减少粉尘排放。

3. 上浆过程中浆料选择

针对绿色纺织技术来说，还有一项重要内容就是在上浆过程中对浆料的选择。在使用天然绿色浆料时，尽管产生的废水比较少，仅仅占纺织废水总量的三分之一左右，但其所含污染物种类繁多，也是造成水污染的重要原因。

淀粉具有卓越的生态学特性，是一种广泛应用的自然浆料。然而，在纺织生产过程中使用淀粉酶浆料也存在许多不足，这时候就需要采取一些措施以解决这个问题。比如，可以对淀粉进行改良，或者在淀粉酶浆料中添加一些其他自然浆料。

三、绿色纺织品的染整加工

（一）纺织品染整生产过程中的污染问题

在纺织品的生产过程中，染整加工是一项十分重要的不可或缺的工序，它为纺织品注入了令人陶醉的色彩，同时也提升了其使用性能。随着科学技术的进步与发展，人们对生活质量要求越来越高，因此对环境提出了更高的标准，这也促使着染整行业不断地提高产品质量和技术水平，同时也要注意环境问题。在纺织品生产过程中，污染问题最多的环节就是染整加工过程，纺织品染整生产过程的污染问题主要可以分为以下三个方面：

1. 水污染

在纺织品染整加工过程中需要加工介质，也就是说纺织品染整加工过程需要用到大量的水，在染整加工过程完成之后形成的大量废水就会对环境造成污染，尤其是如果它们渗入地下或者是被排入江河湖泊之后，不仅会影响环境，还会对人的身体造成损伤。尽管目前随着社会经济的迅速发展，人们对于生活质量要求越来越高，我国已经颁布了多项水资源保护法和污水排放等法规，但为了追求经济效益，许多工厂经营者并未按照国家标准排放废水污水，这一现象并不罕见。由于纺织品染整生产过程的特点以及目前我国废水处理技术还不够成熟，废水中污染物含量较高，而且随着时间的推移，废水的水质不断发生变化，给治理带来很大困难。在纺织染整生产过程中，必须着重解决水污染问题，这是一个至关重要的挑战。

染整加工过程中，织物与排放废水的重量比 1 ：（100～200），废水量为用水量的 60%～80%，因此全国的染整废水排放量约 1×109 吨。目前，我国纺织行业的废水治理工作还很不完善，特别是对染整废水的处理技术及设备方面研究较少。大量的污染物存在于废水中，这些污染物主要来自各种纤维材料再加工过程中所产生的染料、助剂以及纤维上的各种杂质。在纤维材料中，所含的杂质数量最多的就是天然纤维。原棉中含有油蜡、棉籽壳、果胶物质等等，这些杂质占据纤维总重量的 10% 左右；生蚕丝中含有 20% 左右的杂质，以丝胶为主；原麻含杂质平均在 20% 以上；原毛中含有 50% 以上的杂质，以羊毛脂、草屑和沙土为主。相比起天然纤维，化学纤维本身的杂质含量较低，但是，在纺织品染整加工生产过程中，化学纤维还需要加入一些助剂辅助生产，因此，其中杂质仍然会比较多。在染整加工过程中，经过前处理，纤维所含的杂质被清除，随后被排放至废水中。通常情况下，染整加工所使用的染料和助剂并不能完全与纤维相互作用并全部保留在其中，因此，约占纤维和染料助剂重量 15% 的污染物会被排放到废水中，这就会造成一定的水污染。

相比其他行业，在纺织印染行业中，水资源被大量地浪费与污染，这是因为该行业不仅造成了水体污染，同时还会使用到大量的水。

2. 大气污染

在纺织品染整加工的过程中，大气污染也是普遍存在的一个重要问题。在生产车间中，会使用到很多释放异味的物质，这些物质对生产车间的环境造成了不良影响，同时也不利于人们的身体健康。此外，在生产车间中，热空气以及蒸汽的泄露和释放，对生产车间的环境也会造成了不可忽视的影响。因此，如何改善和控制染整加工中的大气污染已成为一个重要问题。当前大气污染最为严重的问题主要在于涂层加工方面，在纺织品的涂料印花过程中，会使用到煤油等有机溶剂，它们会产生严重的大气污染。在纺织加工过程中，有很多污染物排放到空气当中，其中导致空气污染的主要物质通常是一些油、蜡和有机溶剂等的碳氢化合物。在进行涂层加工的过程中，经过烘干工序，涂层织物中的有机物质被蒸发，这些挥发性有机物进入空气中，形成可见的烟雾和难以察觉的异味。

3. 产品污染

在纺织品染整生产过程中，还会产生产品污染。所谓产品污染，就是指产品中存在着一些有毒有害物质，严重影响人们的身体健康。有时候，一些染整企业缺乏技术实力或者是为了追求低成本，会采用含有有毒物质的染料、助剂和其他化学品，当进行染整生产之后，这些有毒有害物质就会残留在加工完成之后的纺织品上。为此，国际组织提出了一系列相关标准来限制这些有害物质在纺织领域内的应用。

（二）绿色纺织品的染整工艺

绿色的染整工艺是一种利用无污染或低污染的化学物质和可替代的技术来实现的工艺，其独特之处在于其具备以下特征：

（1）在生产过程中，三废的排放量极低，尤其是废水的排放量更是微乎其微，甚至可以说是零排放。即便是排放，其排放的废物具有较低的毒性，对环境的污染程度较轻，同时也容易被净化。

（2）所选用的原材料对环境无害或对人体造成的危害较小。

（3）操作条件具备高度的安全性和劳动保护的易操作性，且不存在任何潜在的危险因素。

（4）绿色的染整工艺的资源利用要使用环保的资源，并且要能够再利用。

（5）在绿色纺织品染整加工过程中，要使得加工质量高，加工成本低，也就说是要具有较高的可降效率。

尽管符合这些条件的工艺并不多见，但随着社会与科技的不断进步，在这一领域也进行了大量的研究和开发，绿色染整工艺不断完善，下面对绿色染整工艺进行简要叙述：

1. 前处理工艺

传统染整加工前处理工序复杂，耗能大，用烧碱量大，耗水多，而且污水含量高，针对这些问题，要开发一些生态条件较好的前处理工艺。

（1）低碱前处理。常规前处理退浆和煮炼要用到烧碱，废水含碱量高，不利于废水处理，采用高效精练剂和适当提高精练湿度，可以大大降低碱浓度。

（2）生物酶前处理。酶退浆很早就被采用了，由于酶加工优点愈来愈明显，酶精练近年来发展很快，广泛地用于退浆、精炼，净洗和整理加工，有果胶酶，脂酶，蛋白酶等，它们分别用于去除棉、麻纺织品的果胶和羊毛纺织品的油脂，以及蚕丝纺织品的丝胶等杂质。将生物酶技术用于前处理，不仅可以避免使用烧碱及由此而产生的污染，而且用生物酶精炼的棉纤维不会造成纤维强度的损失。采用生物丝光技术的能源消耗和生产成本，比传统的碱丝光工艺大大降低，且对环境没有污染。

（3）扎堆前处理。用低温或高效前处理助剂，延长处理时间，降低温度，减少助剂品种和用量，从而达到减少废水负荷的目的。

（4）高效短流程前处理。传统的前处理要经过退浆、煮练、漂白等工序，加工工序长，耗水耗能大，耗时也长，污水量大，难处理，使用高效精炼剂，适当提高它的浓度，采用高效设备加工，可以大大缩短处理时间，退、煮、漂联合一步法，很值得进一步开发利用。

（5）绿色精炼剂和助剂由于前处理加工的常规用剂大多有毒，开发绿色用剂很值得研究，“无氯漂白”可降低废水中的 AOX 值，有利于废水处理。

2. 染色工艺

绿色染色工艺的主要特点在于应用无害染化料，用水量少，排放的染色污水量少且易于处理净化，耗能低，染色产品成为无害的绿色产品。为此，近年来国内外进行大量研究，提出和推广应用一些被认为污染少和符合生态要求的染色工艺。

（1）小浴比染色。应用于各类小浴比加工设备，染液和织物可快速循环和翻动，染液浴比可低达 1 ∶ 5。优化生产工艺，节省水量，产生很少的废水，有利于节能和节约染化料废水排放。

（2）超临界 CO_2 染色。以超临界 CO_2 流体为介质的污水染色，无须清洗和烘干，CO_2 可循环再利用，是近年来研究和开发的新课题。

（3）天然色素染色。近年来人类对健康和环保的日益重视，工厂追求纺织品和加工染料的天然性，避免合成燃料具有潜在的不安全因素。天然色素来自大自然，一般可以自然降解，大部分无毒性和副作用，经试验后，有可能形成工业化生产，特别是我国地大物博，便于种植各种含色素植物，可以进行研究和探索。

（4）超声波染色。部分燃料通过超声波等物理作用，可降低染色温度，提高染色速度和上染率，减少助剂用量，从而减少废水中污染物含量。

（5）禁用染料的代用染料染色。许多合成染料被禁用，近年来不断生产出一批符合生态标准的合成染料，今后还会有更多的染料出现，并开发它们的染色工艺。

（6）高效率和高上染率的染料染色。开发和应用高上染率与固色率的染料，可以大大减少废水中的染料，而且提高了染料的利用率。

（7）应用BASF的SF的染料染色。BASF的SF染料在外国和香港等地已经被广泛应用，它上染纤维只需经过烘干—焙烘，不需经过水洗，各种牢度都达到标准，上染率达95%以上，不需蒸汽水洗，节约能耗和减少污水处理。

3. 整理工艺

近年来随着化学整理加工愈来愈多，化学剂的毒素和危害性逐渐暴露出来，包括树脂整理剂、涂层、防水剂、柔软剂等中所含的甲醛、阻燃剂、防水剂等所含的重金属离子等。因此许多绿色整理工艺不断出现。

（1）新型的物理机械整理，由物理机械整理化学品危害。一些新型的柔软松弛设备不断出现，可以改善纺织品的手感和减少缩水率，如起毛起绒、拷花、轧光，整理也受到重视，但为了提高整理效果，特别是耐久性，还往往需要和一些无害的化学整理剂一起进行，这包括水洗、砂洗、耐久拷花和轧光整理等。

（2）生物酶整理，生物酶用于纺织品整理。近年来生物酶发展很快，不仅用于纤维素纺织品的抛光、柔软整理等，也可用于羊毛等纺织品改善刺痒和柔软整理，可以去除原纤化产生的原纤茸毛，提高使用性能。

（3）物理和物理化学方法改性整理，应用化学法整理会产生化学污染和危害。近年来物理和物理化学方法改性整理剂受到重视，如物理方法的机械柔软、拷花、轧光、起绒整理。利用近代的物理化学方法，如低温等离子体处理，可获得减量柔软，改善吸湿性和合成纤维的抗静电性，改善纤维的光泽，增加纤维间的抱合力等效果。

确定和评定绿色染整工艺仍然要从改善地球生态这个大环境去考虑，即从绿色染整工程整体出发来选用工艺。由于绿色工程近年来正处于逐步形成和发展之中，其各种标准也在不断完善，所以所谓的绿色染整工艺不是绝对的，有待进一步改善和开发。

染整工业是污染较严重的工业，因此改善原来的生产面貌，进行绿色染整加工，加强原料的检验，建立绿色生产条件，应用节能，节省资源和污染少的绿色加工工艺，生产出绿色的染整产品，建立起绿色纺织品染整工程成为必然的趋势。

四、“绿色”服装的生产过程

要生产“绿色”服装，就要选用符合绿色纺织品标准的织物材料，除此之外，还要注意服装生产过程中的生态学问题，这主要涉及两个方面。一是在服装制作过程中，如何按照绿色环保标准选用各种辅料，如纽扣、缝线、金属饰件等。比如，之前就曾有过这样一个报道，一家国内企业因其出口至欧洲的服装中金属纽扣上的有害物质含量超标，从而使得所有出口的纺织品被全面销毁，再加上合作商的索赔，最终导致该企业破产倒闭。可见，在我国有些服装面料中存在着一些污染问题，其危害不容忽视，这一问题必须引起我们服装产业的高度重视。二是我们需要关注的是生产过程中对人的身体健康方面的影响。在服装生产过程中，车间内存在着大量污染，直接威胁着人们的身体健康。

（一）面料的选择

在“绿色”服装的生产过程中，面料的选择是一个很重要的问题。在选择服装面料时，要优先考虑符合生态纺织品标准 100 标签的，这样不仅可以节省成本，而且还能够缩短纺织品的生产周期。因为，如果不是使用的符合生态纺织品标准 100 标签的面料，就要进行生态纺织品标准认证，这样就会增加成本，还会延长服装的生产周期。如果没有办法得到符合生态纺织品标准100标签的面料，就需要注意对服装面料进行测试，留意其重金属含量、布面pH值、布面游离甲醛的含量、染料使用情况以及染色牢度等。此外，在使用自然纤维作为面料原料时，需特别留意纤维中杀虫剂的残留量，以确保产品的质量和安全性。

（二）缝线的选择

缝线的种类很多，但从环保角度来看，为了生产“绿色”服装，在选择缝线时，应当优先考虑使用带有生态纺织标签的缝线，这与选择面料时的考虑是一致的。如果没有办法选取通过生态纺织品标准100认证的缝线，达到与面料选择相似，那么就要尽量选择缝线的重金属含量以及杀虫剂等有害物质含量较少的，这应当成为缝线性能的主要考虑因素。

（三）衬里的选择

服装衬里与皮肤的接触更加紧密，因此，在服装衬里的选择过程中，更要特别关注染料的重金属、甲醛、pH值、杀虫剂、染色牢度等有害物质的含量。如果选用的衬里有害物质含量超标，就会严重影响人们的身体健康。

（四）辅料的选择

在选择辅料时，与之前几种一样，也需要注意辅料之上的有害物质的含量多少。尤其是对于其中的一些饰件而言，比如纽扣，如果纽扣是塑料制成的，那么需综合考虑其所含增塑剂的含量以及其潜在的毒性因素，如果纽扣是金属材质制成的，那么需要注意是否含有镍等重金属，重金属含量是否超标等。另外，对于服装而言，除了要求其外观整洁美观外，还要考虑其防皱性及透气性能。在选择商标、尺码标和洗涤标的时候，应特别关注它们的使用性能，包括耐水洗性、印刷字迹的牢度等方面，同时也应重视这些标识所含有害物质和异味的存在。

（五）工作环境的改善

当前，纺织工人们都在昏暗潮湿的环境中工作，空气质量也比较差，对操作工人身体会产生一定的损伤。因此，在“绿色”服装生产过程中，要把改善工人们的工作环境作为重点来抓。

五、废弃纺织品的环境污染与防治

（一）废弃纺织品的环境污染

1. 纤维污染

纤维是构成纺织品的基本单元。然而，许多化学纤维在生物可降解性方面存在缺陷，这些纤维织成的纺织品一旦被废弃，就会产生类似塑料袋的“白色污染”，对环境造成严重污染。

2. 染料助剂污染

这种助剂在纺织品的染色、印花和整理过程中十分常用，它们也会残留到纺织服装产品中，当服装产品一旦被废弃，这些染料助剂就会对周围环境造成严重的污染。因此，必须尽快地处理和利用纺织品上残留的各种染料助剂。一方面，在自然环境中，当阳光、水分等自然因素与之相接触时，就会使它发生分解反应，最终转化为一些有害物质；另一方面，如果将其进行焚烧，其在燃烧过程中也会释放出大量有毒气体。

3. 纺织品饰件的污染

在纺织品上，各式各样的装饰材料琳琅满目，包括但不限于塑料、金属、涂料等，这些材料的制造过程也异常复杂。这些纺织品饰件被丢弃在环境中，就会对环境造成污染。比如，金属纽扣上含有重金属元素、塑料纽扣的生物可降解性较低，这些都可能导致环境污染问题。

（二）废弃纺织品污染的预防

1. 分类管理

在垃圾丢弃方面，有垃圾分类管理的不同的箱子，以便人们可以依据不同的垃圾进行丢弃。在废弃纺织品方面，也应该借鉴垃圾分类管理的经验，要求他们按照纤维类别将废弃的纺织品分别装入不同的垃圾袋中，这样，不仅有利于不同纤维材质的处理，同时还可以减少资源浪费以及对环境的污染。另外，在将废弃纺织品丢入垃圾袋时，消费者还要拆下纺织品上的拉链、纽扣等饰件，然后依据它们的不同材质装入不同的袋子中，然后对其进行进一步利用或处理。

2. 回收利用

纺织品所采用的纤维材料一般应用比较广泛，均为高分子材料，性能优良。因此，对于那些废弃纺织品来说，其并不是都会被处理掉，更多的会被回收利用，废弃纺织品的再利用具有广泛的应用前景。

（1）实现聚合物的再利用是一项重要的任务。合成纤维通常具有可溶（熔）性，在对这些合成纤维纺织品进行回收利用的时候可以采用溶解或熔融的方式，由于纤维是一种高分子材料，通过溶解或熔融的方式可以将这些高分子材料进行回收。高分子材料回收之后，可以对其进行进一步的裂解反应，将其转化为单体并重新聚合，同时也可以将其直接应用于其他领域。

（2）用作复合材料的骨架材料。纺织品的基本组成是纤维，而纤维又是增强复合材料很重要的骨架材料。复合材料的发展需要大量的廉价骨架材料，以降低成本，并从军事用途向民用转移，如用来做汽车外壳等。

（3）开发新的纺织品。废弃纺织品回收后，可以重新分解成纤维，再制造成其他有用的纺织品。目前用回收纺织品制成的纤维主要用于非织造布生产。除了机械成网加工，末端工序的无定向成网也很重要。

（4）用于制造其他的由纤维组成的物品。造纸业每年都消耗大量的木材，用来制造人类天天使用的纸张，这不仅消耗了大量的森林资源，而且浆粕生产过程中产生了严重的污染。用废弃纺织品生产纸张，一方面可以解决由于纺织品废弃带来的环境污染，另一方面还可以减少森林资源的消耗，减轻造纸过程中的环境污染。

目前，国际纺织机械制造商已研发出多种机械设备，来用作纺织品的回收，以促进纺织品的商业化回收利用的发展。

总的来说，无论是纺织品生产过程中的绿色技术，还是绿色纺织品的加工与生产，抑或是废弃纺织品的回收利用，目前，在纺织领域推广清洁生产已经成为一种趋势，并且越来越受到更多人的关注。随着社会发展和人们生活水平的提高，消费者对产品的期望也越来越高，他们不仅对产品的花样、款式、颜色、质感有要求，同时也希望产品不会对人体造成任何危害。因此，纺织产品必须符合环保标准。此外，由于当前一些纺织生产过程和纺织废弃物对环境造成的严重污染，这使得我们国家加大了清洁生产的力度，从原材料、生产过程、回收利用等多个方面力求实现少污染、无污染的目标。所以说，在当前的形势下，实施清洁生产势在必行。为了实现这一目标，必须采取清洁生产的措施，但是，到现在为止，当前的清洁生产仍需进一步推进和完善。

第三章　生态纺织服装绿色设计概述

本章为生态纺织服装绿色设计概述，依次介绍了生态纺织服装绿色设计背景、生态纺织服装绿色设计原则、生态纺织服装绿色设计方法、生态纺织服装绿色设计环节四个方面的内容。

第一节　生态纺织服装绿色设计背景

自第一次工业革命以来，由于社会和经济的发展，人们对资源进行大规模、无节制的开发和利用，创造了当代的工业文明。同时，世界也由于这种发展模式引发了资源耗损、环境污染、气候恶化、健康威胁等一系列全球性问题。

随着全球环境的日益恶化，人们对生态环境问题越来越重视。近年来对环境的深入研究和科学实践证明，环境和资源、人口两大要素存在着密切的内在联系。特别是资源，它不仅涉及人们对有限资源的合理利用，而且又是产生环境问题的主要根源。如何能最有效地利用资源而又最低限度地产生废弃物，是当前世界生态环境研究中的重要课题。

纺织服装业是关系到人们生存状态的民生产业，产品直接为人们使用，对生态环境和人们健康都会产生直接的影响。现代科学技术的发展为纺织服装业提供了大量品种繁多的化学纤维、印染剂、整理剂等化学品，同时也产生出大量对生态环境造成污染和损害人体健康的有毒、有害物质。因此，人们对纺织服装产品的生态环境和产品的安全性也必然会越来越受到重视。

我国纺织服装业在经济全球化的环境下，必须加快产业结构调整，走自主创新和低碳经济发展的道路。若发展生态纺织服装产业，技术创新是首要的，而绿色设计技术的研究、开发、推广应用和管理体系的构建是促进我国生态纺织服装产业可持续发展的重要途径。

一、环境污染和资源枯竭

制造业（包括纺织服装产业）是造福人们财富的主体产业，其功能是通过制造系统将可利用的资源（包括能源）转化为可供人们使用或利用的工业品和消费品。制造业在将资源转化为产品的过程及产品在使用过程和处理过程中，同时产生废弃物。废弃物是制造业对环境的主要污染源。此外造成全球污染的 70% 以上的排放物来自制造业，每年约产生 55 亿吨无害废物和 7 亿吨有害废物，另有大量的污水排放和废气排放。

20 世纪 50 年代以后，由于现代工业的高速发展，对自然资源不合理的开发利用，带来范围更大、更为严重的环境污染和对自然环境的破坏。在全球范围内产生了空气污染、水污染、温室效应及资源枯竭等发展中的问题，这些问题已经成为严重威胁人们生存和社会发展的重要因素。

纺织服装产业是我国国民经济的重要支柱产业。我国是世界纺织服装生产、消费和出口的第一大国，同时纺织服装业也是一个大量消耗资源和污染环境的行业。因此，纺织服装业的生态环保水平是一个受到全社会关注的重大民生问题。

纺织服装行业作为工业生产的一个重要部门，是一个很庞大的产业链条，在原料的种植、纤维合成、染整制造、加工生产、包装储运、市场营销、消费使用、废弃物处理等方面都有可能产生或使用、接触对人体或环境有毒、有害的化学物质，同时排放大量废水、废气、废弃物。

以上可以看出，纺织服装产品在整个生命周期的各个环节中都将对生态环境和人们的安全及身体健康产生很大影响。例如，在原料、辅料的采集过程中所造成的资源消耗和环境污染，加工生产过程高能耗、高排放的废水、废气、废渣、废弃物等对环境的污染，都加速了环境污染和资源枯竭的进程。

纺织服装业对生态环境的影响归纳起来主要表现为以下几个方面：

（一）温室气体排放

从纺织品和服装的产品生命周期方面来看，从原料的种植、合成、加工生产、消费、废弃物回收的全过程中，都会排放二氧化碳、硫氧化物、氮氧化物、一氧化碳等有害气体及吸附有棉纤维、化学纤维、有害金属、有机物和无机物等颗粒物尘埃。这些气体排放物和颗粒物不仅有害人体健康，而且会对生态环境和建筑物、机械设备、生活用品等造成腐蚀和污染，同时也是形成全球温室效应的重要原因之一。

（二）工业废水污染

无论从化学需氧量还是从氨氮等主要污染指标来看，纺织服装业都是全国当前最大的污染源之一。大量携带有毒、有害物质的工业废水排入江河湖海，渗入土地，污染了农田，破坏了生态平衡，使部分地区的饮用水资源受到严重污染，农作物减产，海洋生物受到濒临灭绝的威胁，损害了人们的身体健康和安居的生活环境。

（三）有毒有害化学物质污染

纺织服装业的发展与大量化学物质的使用密切相关，全球生产的化学品约有25%用于纺织服装业。

这些化学物质的随意使用和排放，造成大气、土壤、水体的污染，或者吸附存在于纺织服装产品上，所产生的有毒、有害物质对生态系统和人体健康产生了严重的危害。国际绿色环保组织曾对世界50个知名运动品牌的运动服装进行检测，结果发现有2/3的服装残留有害物质“环境激素NPE”，这引起业界的高度关注。

在纺织服装产品中残留的大都是化学环境毒素，它对人体健康和环境的污染很大，是引发许多慢性病的元凶之一。在纺织工业中常用的化学物质有千余种，其中很多化合物对各种生物体具有较大的危害性，有的是立即发生作用，有的则是通过长期作用在动植物和人的生活中，造成各种慢性的不良影响和危害。

从纺织服装对人体健康的影响来看，化学环境毒素主要通过皮肤侵入人体，也有少量是通过呼吸道吸入人体。化学性环境毒素侵入人体后，随着时间的推移将会在人的某些组织器官形成富集的作用，这一问题已引起高度重视。

1. 可分解芳香胺染料的危害

纺织服装产品中可分解芳香胺的偶氮染料在与皮肤的长期接触过程中，会从纺织服装产品转移到皮肤上，从而被皮肤吸收，在皮肤代谢分泌物的作用下发生分解还原并释放出有致癌性的芳香胺，成为人体病变的诱发因素，具有潜在的致癌、致敏性。

2. 服装中残留的农药毒性

在天然纤维的生长过程和化学纤维的制造过程中，所产生的重金属和有毒、有害物质对人体健康有害，必须采取有效措施进行防控。

由于施用农药和化肥及其他化学助剂，天然纤维上也会残留一些毒性，重金属一旦被人体吸收，在人体器官组织中积累到一定程度就会危及人体健康。例如，镣可引起慢性中毒，铭可导致血液疾病，钻可导致皮肤病和心脏病等。

在合成纤维的生产过程中所用的化学助剂如果洗涤得不干净，就会在纤维上残留一些单体，其中许多单体会对人体健康造成威胁。例如，在锦纶上残留的内酰胺单体可引起皮肤干燥、皮炎，腈纶上残留的丙烯酯单体会引起心悸、胸闷等中毒症状。

3. 生产过程中的产成品残留毒性

在由纺织纤维加工成纺织服装产品的过程中，也会产生和残留一些有毒、有害物质，特别是在浆纱、退浆、漂白、染色、印花和后整理工序都会使用到大量的化学助剂和各种印染剂、免烫服装整理剂、加工使用的黏合剂等，都会产生和残留一些不利于人体健康的有毒、有害物质。

在纺织服装业广泛使用的整理剂甲醛，对人体健康的危害是相当严重的，被称为“贴身杀手”。甲醛主要侵害人的神经系统，对皮肤和黏膜也有较强的刺激作用，长期穿用甲醛含量超标的服装，会引起呼吸道、消化系统、神经系统等疾病，严重时可诱发癌症。

二、国家出台的绿色产业政策

自 20 世纪 80 年代以来，世界掀起一场空前浩大的绿色生态革命。这种绿色生态革命对世界的政治经济和人们的生活方式、消费理念都产生了巨大的冲击作用，构建低碳经济社会、建立可持续发展的模式成为世界的共识。1992 年，联合国在巴西里约热内卢召开的世界环境与发展会议上发表了《21 世纪工程》宣言，提出了世界可持续发展的战略框架。同年，我国政府颁布了《中国 21 世纪工程》，明确指出“地球所面临最严重的问题之一，就是不适当的消费和生产模式，导致环境恶化、贫困加剧和各国发展失调，要达到合理发展，一定要提高生产效率和改变消费，以最高限度利用资源和最低限度地产生废弃物，走可持续发展战略”。1996 年，我国又制定了《中国跨世纪绿色工程计划》，把绿色生态技术纳入国民经济的战略地位，为生态纺织服装的绿色设计提供了有力的支撑。2006 年，国家制定了《国家中长期科学和技术发展规划纲要（2006—2020）》，已将科技的重点向民生科技转移，同时也确定了绿色生态技术为民生科技服务的重要作用。

中共十六大报告《全面建设小康社会，开创中国特色社会主义事业新局面》中提出“可持续发展能力不断增强，生态环境得到改善，资源利用率显著提高，促进人与自然和谐发展，推动整个社会主义社会走上生产发展、生活富裕、生态良好的文明发展之路”；十八大报告进一步强调“加强社会建设，必须保障和改善民生为重点，提高人民物质和文化水平，是改革开放和社会主义建设的根本目的，要多谋民生之利”，党和国家为关乎民生利益的生态纺织服装的绿色设计指明了发展方向。

2021 年 6 月 11 日，中国纺织工业联合会第四届第九次常务理事扩大会议上发布了《纺织行业“十四五”发展纲要》（以下简称《纲要》），同时发布了《纺织行业“十四五”科技发展指导意见》（以下简称《科技指导意见》）、《纺织行业“十四五”绿色发展指导意见》（以下简称《绿色指导意见》）和《纺织行业“十四五”时尚发展指导意见》三个重要文件，以进一步推进我国纺织行业“科技、时尚、绿色”的高质量发展。《纲要》基于行业发展目标，提出“十四五”时期我国纺织行业发展的八项重点任务。其中，纺织行业绿色发展重点任务是“推进社会责任建设与可持续发展”，具体包括：推进节能低碳发展，加强清洁安全发展，推动再生循环发展，深化企业社会责任建设。

我国在生态纺织服装的生产实践中，通过节能减排、加强污染治理、不断引进绿色清洁化技术等措施，初步形成了以生态纺织服装产品为主体的多项生态纺织品标准，推动了我国生态纺织服装产业的规范化、科学化、标准化、国际化的步伐。

三、不断增长的绿色消费需求

在全球“绿色浪潮”的影响下，关注生态环境保护、节约能源、减少污染和绿色消费的理念已为我国人民普遍接受，倡导绿色消费和使用绿色产品，已成为一种新的生活方式和消费时尚。

绿色消费是一种节约能源、资源和保护生态环境的消费模式。国家在1999年就启动了以“开辟绿色通道、培育绿色市场、倡导绿色消费”为主要内容的“三绿工程”。随着人们对生态纺织服装的需求不断增加，生态纺织服装业已进入高速发展期。

世界众多知名品牌纷纷抢占我国生态服饰产品市场，国内的纺织和服装产业也在生态环保原辅料开发、成品设计、清洁化生产等方面积极扩展市场，在女装、男装、童装、运动装、职业装、婴幼儿服装、家纺产品、产业用纺织品等众多领域都呈现良好的发展态势。我国是有14亿多人口的大国，市场发展潜力巨大，生态纺织服装消费已成为一种刚性需求。

国内的需求也将进一步拉动生态纺织服装业的发展，企业应积极抓住机遇，充分利用一切有利条件，提高绿色产品创新能力，发展绿色技术，开发绿色产品，不断满足广大消费者日益增长的消费需求。

第二节　生态纺织服装绿色设计原则

生态纺织服装绿色设计是一门综合性的、集科学技术和造型艺术于一体的多学科交融的新学科。目前，这一学科的理论研究和设计实践都还在发展和完善过程中，特别是我国纺织服装产业对绿色设计工作尚处于起步阶段。

因此，生态纺织服装绿色设计方法和设计准则，需要学习和参考世界经济发达国家的经验或其他行业绿色设计所遵循的基本原则，进而研究和设定出生态纺织服装的绿色设计原则。

绿色设计的基本原则就是为了保证所设计的生态纺织服装产品的“生态环保性”所必须遵循的设计原则。

纺织服装的绿色设计一方面缺乏设计所必需的知识、数据和方法，另一方面因绿色设计涉及产品的整个生命周期，具体的实施过程非常复杂。因此，目前比较有效的方法就是依据生态纺织品的标准要求，按产品生命周期过程系统地归纳和总结与绿色设计有关的准则，进而指导生态纺织服装的绿色设计。

一、基本原则

随着对绿色设计的关注，许多专家、学者对绿色设计的基本原则进行了研究，1993 年，费克尔（Ferkel）教授对产品绿色设计原则的内涵进行了研究，指出产品绿色设计原则是一种有系统地在产品生命周期中考虑环境与人体健康的议题。

同年，希尔（Hill）经对产品环境性能研究，提出了在产品绿色设计中应考虑的八项原则。

（1）产品生产过程中应避免产生有害废弃物。

（2）产品生产过程中应尽量使用清洁的方法和技术。

（3）应减少消费者使用产品排放对环境有害的化学物质。

（4）应尽量减少产品生产过程中对能源的消耗。

（5）产品设计应选择使用无害且可回收再利用的物质。

（6）应使用可回收再利用物质。

（7）产品设计应考虑产品是否容易拆卸。

（8）考虑产品废弃后可否回收与重复利用。

根据对绿色设计原则的内涵要求，生态纺织服装产品的绿色设计原则包括四个方面。一要满足生态纺织服装产品的功能性、实用性、审美性等服装设计要求；二要重视服装产品的生态性、环境属性、可回收利用属性的设计；三要坚持五项原则，即减少污染、节约能源、回收利用、再生利用、环保采购；四是针对生态纺织服装产品，从初始原辅料选择到产成品完成，直至消费使用和回收再利用，在产品生命周期全过程中均采用闭环控制系统并行设计方法。

生态纺织服装绿色设计的过程，实际上是实现产品功能、经济效益和生态效益平衡的过程。产品的绿色设计就是要提供一种加快经济和生态和谐发展的技术手段，促进企业实现创新发展。

根据生态纺织服装产品在产品生命周期中不同阶段的要求，将绿色设计的设计原则归纳如下：

（一）设计策划创意构思阶段原则

（1）需要树立生态环保意识，采取立体性思维模式，用全方位、创新的视觉语言去构思产品。

（2）用系统的观念审视产品生命周期中各环节的生态相关性，并用绿色设计语言进行充分的表达。

（3）了解生态纺织服装的相关技术标准、法令、法规，并在设计中得以贯彻和实施。

（4）要兼顾产品功能性、实用性、审美性、经济性和生态性的协调统一。

（二）原辅料选择设计阶段原则

（1）选择适合产品使用方式的生态性原料和辅料。

（2）原辅料不得含有超过限量的有毒、有害物质。

（3）尽量使用可降解、可再生、可回收利用的原辅料。

（4）节约原辅料用量，避免浪费资源。

（三）产品生产加工阶段原则

（1）选择清洁化生产加工工艺。

（2）减少生产加工过程中的废料和废弃物。

（3）降低在生产加工过程中废水、废气、有毒有害气体排放和噪声污染。

（4）尽量采用节能减排新技术、新能源。

（四）产品包装设计阶段原则

（1）使用天然或无毒、易分解、可回收利用的生态性包装材料。

（2）包装设计结构简单、实用，避免过度包装。

（3）包装设计要考虑包装对环境的影响和消费者的安全。

（五）产品消费设计阶段原则

（1）增加消费者对产品的实用性、审美性、经济性、生态性的满意度。

（2）确保产品对消费者身体健康的安全性。

（3）尽量减少消费过程的污染排放。

（六）产品废弃物处理设计阶段原则

（1）建立完善的废弃物回收系统和处理系统。

（2）尽量促使资源回收利用。

（3）选择不对生态环境造成污染的废弃物处理方式。

（七）与生态纺织服装相关的法律法规

（1）国际贸易产品应遵循有关的生态纺织品法律法规和相关标准。

（2）企业应尽量获得生态环保认证，产品应获得生态标志认证。

（3）国内市场产品应符合国内相关产品的质量标准和生态标准。

二、基本原则的应用

生态纺织服装的绿色设计过程，就是正确、合理地利用绿色设计原则的过程。按设计程序要求，明确产品的绿色生态属性，在此基础上确定设计目标，根据设计目标确定所选择的绿色设计原则和实施的措施。

由于绿色设计原则关系之间的复杂性和关联性，所以要合理地确定设计目标和选择适宜的解决方案，在生态纺织服装绿色原则应用过程中应注意以下问题：

（1）生态纺织服装的绿色设计原则不仅适用于生态纺织品，也适用于现有纺织服装产品的设计。

（2）对于生态纺织品的某具体产品，并不是每一条设计原则都必须得到满足，设计者应根据产品的特点和市场的具体要求，对绿色设计原则进行取舍。

（3）在绿色设计过程中，有些原则可能发生矛盾或冲突，设计者能够在原则之间进行协调处理是绿色设计原则应用的关键。

（4）不同生态纺织服装对绿色设计原则的侧重点不同，如婴幼儿服饰对原辅料的有毒、有害物质的限度要求比成人的外用服装高很多，又如在牛仔服的生产加工过程中，绿色设计更应关注污水排放对生态环境的污染。

第三节　生态纺织服装绿色设计方法

一、绿色设计程序方法

第一步，根据需求确定设计方案。生态纺织服装的绿色设计源于市场对生态纺织品的需求，将市场需求和生态环境需求转化为绿色设计需求，规划出生态纺织服装产品的总体绿色设计方案。

第二步，总体方案确定后，按生态纺织服装产品的功能性、审美性、生态性、经济性要求进行产品生命周期中各环节的详细设计，得到产品设计方案。

第三步，通过对所设计的产品进行功能性、审美性、技术性、生态性、经济性、环境影响等综合评估，确定设计方案的可行性（图 3-3-1）。

目前，研究和应用比较多的绿色设计方法主要有生命周期设计法、并行工程设计法和模块化设计法等。

生态纺织服装的绿色设计是一个复杂的过程，仅靠单一的方法将难以实现，只有确立系统化解决方案，即根据生态纺织服装在生命周期的不同环节采取最优化的设计策略，以实现产品绿色设计。

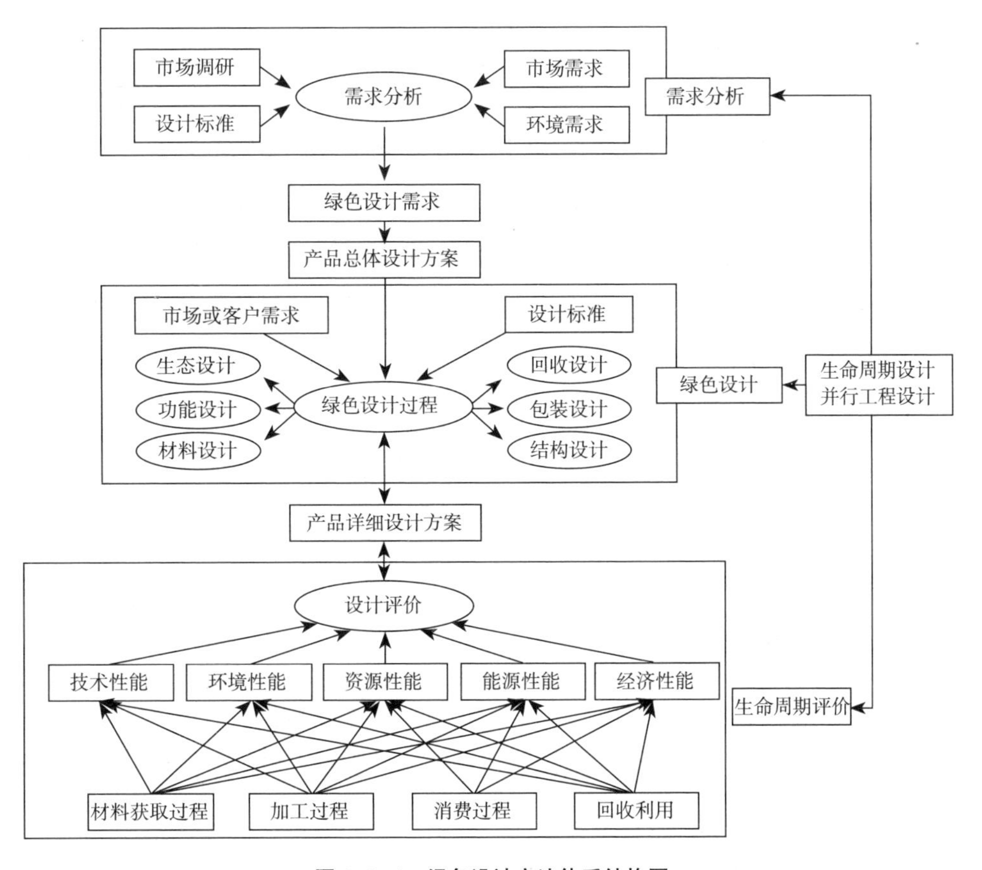

图 3-3-1　绿色设计方法体系结构图

二、绿色设计策略

生态纺织服装的绿色设计策略应围绕产品本身和其生命周期各环节来设定，可以概括为以下几个方面：

（一）创新产品设计观念

1. 以市场需求为导向

产品设计的依据源于市场的需求。根据不同的市场需求，在生态纺织服装产品的策划创意阶段应有明确的产品市场定位，并以此去策划设计方案。

2. 结构设计减量化

生态纺织服装减量化设计，包括自然、流畅、简洁的设计风格和简约化设计的服装结构。这种减量化设计是用非物质化的服装文化创意来减少对物质材料的使用，减少加工生产中废弃物的产生和消费过程中对能源的消耗。

消费者对纺织服装的需求，首先要满足产品所提供的功能，同时要满足生态环保性能的要求。在满足消费需求前提下，用创意设计提供的减量化设计是绿色设计的重要设计思路之一。

3. 模块化搭配设计

服装可搭配性设计可以提高服装产品的可更新性。设计要在服装式样变化、功能调整、宜人性等方面提高消费者对服装产品的长期吸引力，延长产品的使用寿命。

（二）优化利用原辅料

1. 选用生态原辅料

选用生态原辅料是生态纺织服装绿色设计中的重要工作，应按产品的设计要求选用清洁化原料、可再生材料或可循环再利用的原辅料。设计师应对原辅料在生产过程中的生态环境进行充分的了解。

2. 减少原辅料的使用量

绿色设计应致力于原辅料用量的最小化和资源利用率的最大化。产品使用原辅料减少，产生的废弃料也将相应减少，这样在储运包装等环节对环境的影响就会减少，进而达到降低能耗和节约成本的目的。

（三）产品生产过程清洁化

1. 并行设计思维的使用

在生态纺织服装产品设计时应充分考虑产品的生产加工工艺和加工生产部件与生态及环境的关系及标准要求，要求工艺生产环境友好、对加工生产过程的资源和能源消耗少、三废排放少。

2. 生产工艺环节的简化

在产品生产过程中，工艺环节越多，对能源的消耗越大，废弃物和污染物的排放也会越多。减少生产工艺环节是提高能源利用效率和减少排放的有利措施。

3. 清洁能源的使用

推行节能管理方案，减少生产设备能耗，尽量采用清洁能源，如太阳能、风能、水能、天然气等。

4. 减少化学助剂的应用

生产过程中，减少对各种化学试剂、印染剂、整理剂、添加剂等化学助剂的使用。在生态纺织服装产品的生产过程中，各种化学品的应用是主要的污染源，减少使用或采用新工艺代替化学品，是控制污染的主要措施。

（四）消费使用中降低能耗和污染

1. 在产品消费使用阶段减少能耗

在产品设计过程中应考虑减少消费者在产品使用期内对能源、水、洗涤剂等方面的消耗。据研究，纺织服装产品在生命周期中的能耗的 70% 来源于消费使用环节。

2. 在消费过程中减少废弃物的产生

产品设计应考虑到消费者在产品使用过程中对环境产生影响的各种事项，并以简单、准确、清晰的标示告知，如产品状况、可回收性、洗涤保养方法、禁用消耗品等。

（五）优化回收处理系统

1. 对产品重复利用率进行提高

绿色设计必须考虑到产品弃用后的回收处理问题，所以在设计中应考虑产品的可回收性、再生性和重复利用率。

2. 设定废弃物处理措施

如果再利用和循环利用都无法实现，可采用焚烧回收热能的措施。

三、生命周期的设计方法

（一）生命周期设计概述

生命周期设计方法是指从生态纺织服装产品的策划创意阶段就要考虑产品生命周期的各个环节，包括创意设计、结构设计、色彩设计、工艺设计、包装设计、消费设计及废弃物处理等环节，以保证生态纺织服装的绿色属性要求。

产品生命周期的各个环节可用产品生命周期设计轮图来描述（图 3–3–2）。

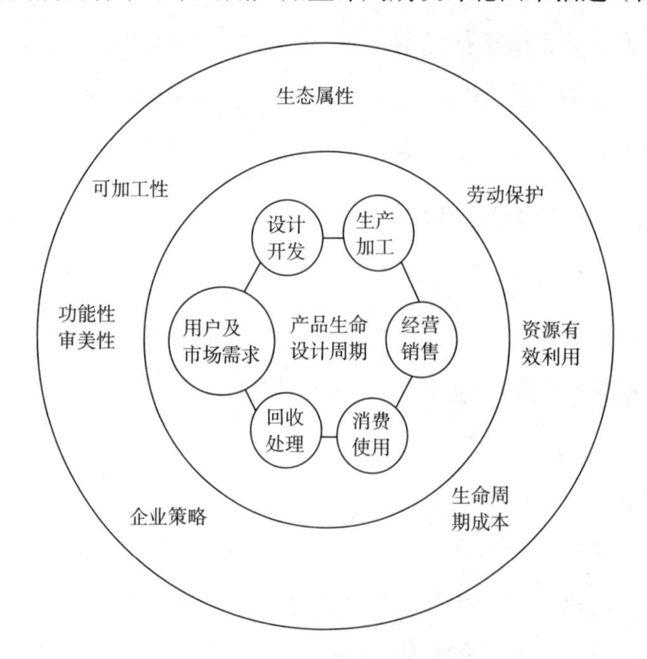

图 3–3–2　产品生命周期设计轮图

由图 3–3–2 可以看出，生态纺织服装产品的生命周期包括以下环节：创意策划、设计开发、生产加工、经营销售、消费使用及废弃物的回收处理。

在设计过程中，依据生态纺织品的技术标准和评价方法来评价产品的技术指标和生态性能指标，而评价函数指标必须包括图 3–3–2 中外圈所示的企业策略、功能性及审美性、可加工性、生态属性、劳动保护、资源有效利用、生命周期成本等产品的基本属性。

产品生命周期的设计过程可以用三个层次来表达：设计层、评价层、综合层（图 3–3–3）。

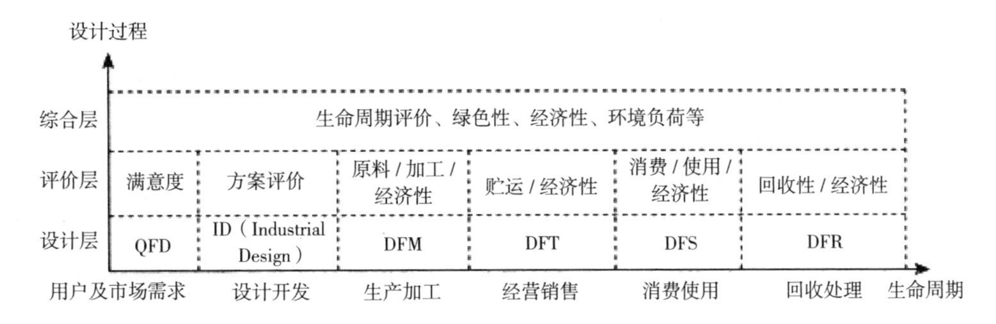

图 3–3–3 生命周期设计基本组成的三个层次

产品市场的用户及市场需求、设计开发、生产加工、经营销售、消费使用、回收处理六个阶段组成了产品的生命周期，而设计层、评价层、综合层则组成了设计过程。在生态纺织服装生命周期设计过程中，要综合研究和全面优化产品的功能性能（F）、生产效率（T）、质量指标（Q）、经济性（G）、生态环保性（E）、资源能源利用率（R）等设计目标，求得最佳平衡点。

生态纺织服装绿色设计的主要目的可以归结为以下三个方面：

1. 预见性设计

在设计阶段，尽可能预测到在产品生命周期中各环节可能出现的问题，并在设计阶段予以解决或预先设计好解决问题的途径和方法。

2. 经济成本预算

在设计阶段应对产品生命周期中各环节的所有费用进行经济预算，包括对资源消耗和环境代价进行整体经济规划，以便对产品进行成本控制和提高企业经济效益及产品市场竞争力。

3. 资源和环境分析预测评估

在产品设计阶段对产品生命周期中各环节的资源和环境影响作出预测和评估，以便采取积极有效的措施合理利用资源、保护环境，提高产品的生态性能，从而促进企业可持续发展。

（二）生命周期设计的策略

生态纺织服装绿色生命周期的设计任务就是力图在产品的整个生命周期中达到功能性更完善、保证产品对人体健康的安全、资源能源优化利用、减少或消除对生态环境的污染等目的。产品生命周期的设计策略包括以下三个方面：

1. 面向生命周期全过程

从生态纺织服装创意设计阶段就应考虑从原辅料采集直至产品废弃处理全过程的所有活动。

2. 生态环境的需求

产品对生态环境的需求应在产品设计创意阶段进行，而不是在生态纺织服装已成型的末端处理。设计初期就要综合考虑功能、审美、生态、环境、成本等设计要素，对影响因素进行综合平衡后再作出合理的设计决策。

3. 多学科联合开发设计

由于生态纺织服装生命周期设计的各个阶段涉及多学科、多种专业知识和技能以及不同的研究对象，特别是随着现代科学技术的发展，生态纺织服装绿色设计涉及的专业和知识领域更加广泛和深入。因此，实现多学科、跨专业的合作是完成绿色生态纺织服装设计的最有效措施。

（三）生命周期设计步骤

生态纺织服装产品生命周期设计步骤及过程如图 3–3–4 所示。

1. 确定设计目标

在进行生态纺织服装产品生命周期设计时，应对产品的市场需求进行分析，在此基础上明确产品的设计目标。在上述分析研究中，除分析产品的功能和审美需求外，更应侧重于产品的生态需求、环境要求、技术标准及政策法规等方面的要求。

2. 计划和组织

产品的绿色设计是一个系统设计，所以对设计边界的确定、技术保证、信息收集和设计计划的实施必须有强有力的保证措施。

3. 环境现状评价

对产品环境状况进行分析，可以找到改进产品系统性能的解决方法，也为企业制定长期或阶段性目标提供设计依据。环境现状评价可以通过产品生命周期清单分析、环境审计报告或检测报告来完成。

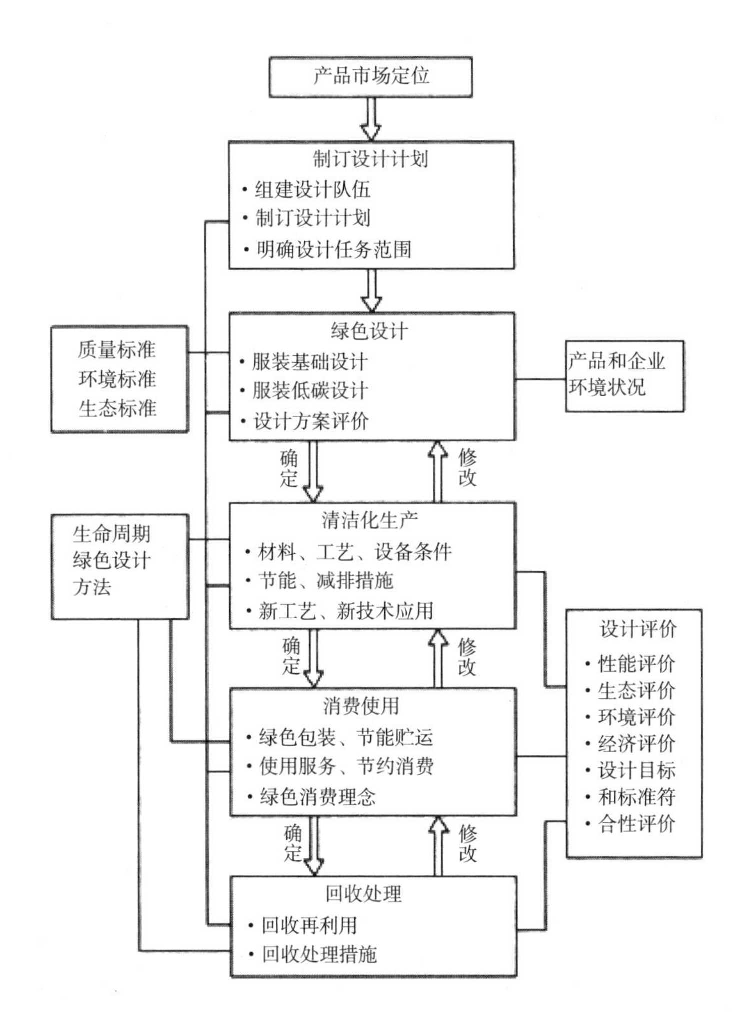

图 3-3-4　生态纺织服装产品生命周期设计过程示意图

4. 需求分析

（1）环境要求。在环境方面，要求最大限度地减少资源和能源消耗，最大限度地减少废弃物产生，减少健康安全风险。

一般来说，设计所采用的标准优于现行产品的生态环境标准是有益的。在生态标准中，有的是以某种限度值为界限加以控制的，如对生态纺织品的甲醛（游离）含量要求。具体体现为：婴幼儿用品≤ 20mg/kg；内衣≤ 75mg/kg；外衣≤ 300mg/kg。但是，某些生态学指标是在禁止使用的范围，如可分解芳香胺染料、致癌致敏染料等有害染料在生态纺织品中均处于禁用范畴。

在产品需求分析确定后，即可对产品生命周期中的各环节设计进行协调，从而达到产品的优化设计。

（2）功能要求。生态纺织服装的功能性要求除了满足实用功能、审美功能以外，还须考虑生态功能。产品的功能性要求，决定了产品的性能和实现产品性能的技术和设备水平，以及技术创新和设备等生产条件的改善，是完善产品功能性、提高产品性能、降低环境影响的有效途径。

（3）成本要求。产品在满足服用功能和环保功能要求外，还必须保证产品在价格上的市场竞争力。在产品设计阶段，具有能准确地反映产品环境成本与效益的成本核算体系，对于基于绿色设计的生态纺织服装产品是很重要的，有了完整的产品生命周期成本核算（Life Cycle Costing），许多环境影响低的设计就会显示出经济效益。

（4）文化要求。服装是一种文化的表达。消费者对生态纺织服装的款式、色彩、质地等的需求决定了产品的竞争力。同时，产品设计必须满足消费者在文化方面的要求。

可见，设计出舒适、安全、美观大方、环境友好的纺织服装产品对设计师来说是一种挑战。

（5）标准和法规要求。我国和世界许多国家对生态纺织服装都制定了相应的法规、技术要求、质量标准和认证制度等法律文件。法规和标准的要求是设计要求的重要内容，也是绿色设计中必须遵循的设计依据。

根据上面的五项要求，设计师应根据生态纺织服装要求的重要性明确以下三点：

一是必须达到的设计要求，即在设计中必须满足的设计要求。

二是要求的满足可提高产品的性能和市场竞争力，可帮助设计师寻找更佳的设计方案。

三是对于辅助性要求，在不影响主功能的基础上，其设计的要求取决于消费者的需求。

5. 选择设计对策

由于绿色设计的复杂性，在生态纺织服装的整个生命周期设计中，仅仅采用一种对策是不可能达到改善环境性能的要求，更不可能满足生态环境、法律法规、产品性能等多项要求。因此，设计人员需要采取一系列的对策来满足这些要求。

6. 评价设计方案

对绿色设计方案的选择，必须从环境、技术、经济和社会四个方面进行综合评价，一般采用的是生命周期评价法（Life Cycle Assessment，LCA）。

四、并行绿色设计方法

（一）并行绿色设计概述

并行工程（Concurrent Engineering，CE）是一种现代产品开发设计中的系统的开发模式。它以集成、并行的方式设计产品和相关过程，力求使产品设计人员在设计初期就考虑到产品生命周期全过程的所有因素，包括功能、质量、生态、环保、经济、市场需求等，最终达到产品设计的最优化。

为了实现生态纺织服装的高质量、低成本、节省资源、降低能耗、安全环保的绿色设计目标，并行工程设计方法与绿色设计方法的有机融合是实施绿色设计目标绿色化、集成化、并行化的重要技术支撑，这种融合的优势主要表现在以下五个方面：

1. 人员的整合集成

根据产品设计的需要组成由设计、工艺、生态环境、市场、用户代表等相关人员参与的“绿色设计协同工作小组”，采用协同、交叉、并行的方式开展工作。

2. 信息资源集成

把产品生命周期中的各种相关信息资源集成，建立产品信息模型和产品信息库管理系统。

3. 产业链过程集成

把产品生命周期中各环节的设计过程转化为统一的系统，在产品创意设计初期就可进行协调，同步设计，重点关注生态纺织服装产品的生态环保性。

4. 设计目标的统一集成

在生态纺织服装的绿色设计中，综合地考虑产品的功能性、实用性、审美性、生态性、经济性和环境属性等产品特征，使产品既符合生态纺织服装的功能性和生态性要求，又符合原料获取、生产加工、使用消费、废弃处理等方面的环保要求。

5. 设计方法多样化集成

生态纺织服装的绿色设计比一般的服装设计更复杂，所涉及的内容更丰富，如产品的款式设计、色彩设计、材料生态性评价、生产加工的环境评价、绿色消费设计、废弃回收设计、产品生态性评价等。

由于产品生命周期各阶段设计过程都是交叉并行的，因此，必须建立一个保证绿色设计系统运行的支持环境（图 3–3–5）。

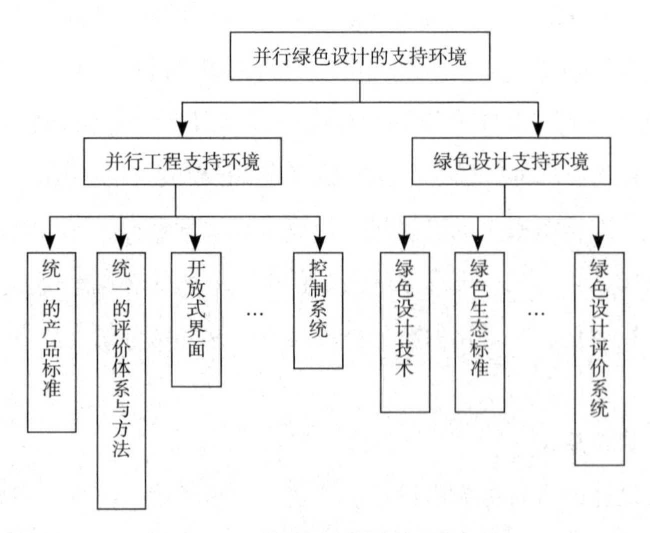

图 3–3–5　并行绿色设计的支持环境

（二）并行绿色设计流程

并行绿色设计与传统纺织服装设计相比，实现了产品生命周期各环节的信息交流与反馈，在每一环节的设计中都能从产品整体优化的角度进行设计，从而避免了产品各环节设计的反复修改。

并行绿色设计将产品生命周期中的全产业链过程打造成一个从创意策划开始到产品回收处理过程的闭循环设计系统，满足了生态纺织服装绿色设计全过程对绿色环保特性的要求（图 3-3-6）。

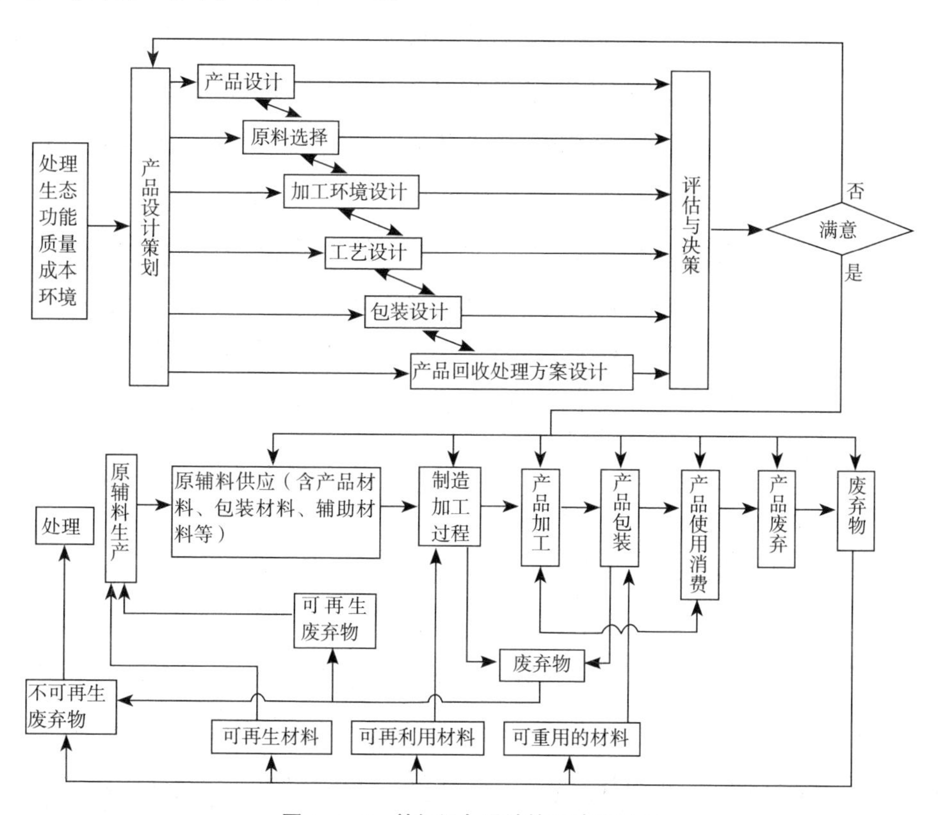

图 3-3-6　并行绿色设计的设计流程图

第四节　生态纺织服装绿色设计环节

生态纺织服装的绿色设计是一个涉及产品生命周期中各环节的设计过程，需要多学科、多专业的密切配合来解决许多关键技术。

一、生态纺织服装绿色设计的创意策划

（一）创新设计创意理念

服装作为一种社会文化现象，必将受到现代绿色生态的新观念、新思潮的冲击，使服装的传统意识和原有的社会功能随着时代的发展，进而不断地增添新的文化内涵。因此，生态纺织服装设计理念的创新和绿色消费观念的变化，将被共同纳入绿色设计的变革中去。

科学技术的快速发展和现代绿色生活方式，给生态纺织服装的无限发展提供了机遇和挑战。从传统纺织服装设计的形式美法则和绿色设计的自然生态美相融合创新的关系来看，正是这种创新的驱动才使绿色服装设计有了更广阔的发展空间。它不仅满足了消费者对绿色产品的消费需求，同时提升了绿色设计所肩负的突破绿色技术壁垒的社会责任感，从而促进了纺织服装产业的可持续发展。

1. 促进纺织服装产业可持续发展

在生态资源消耗方面，首先农业是消耗最大的产业，其次便是纺织服装产业。我国纺织业每年消耗的棉、毛、麻、化纤等各类纺织纤维原料数量极多，同时生产过程中还会产生许多有毒有害物质，污染空气与水源，而且在废弃纺织品中仅有约 5% 得到了循环再利用。为了维护人类的健康和生存环境，绿色服装的设计必须充分考虑资源和能源的合理开发利用，以实现可持续发展的目标。

在绿色服装的设计中，需要从生态纺织服装的原辅材料获取和选择环节入手，这些原材料必须对人类身体健康和生存环境无害或危害性极小，同时其能源的消耗要低，其资源利用率要高。当原材料符合这些特点时，才能更好地对其进行设计。

为了全面提升和保证生态纺织服装的质量，消除或减少对生态环境和人体健

康造成的负面影响，提高企业的设计能力、创新能力，绿色服装设计必须实施环保型的清洁化生产，对生态纺织服装的全生命周期进行控制。

生态纺织服装绿色设计不仅是我国纺织服装业应对产业可持续发展的迫切需求，也是我国人民生态环保意识加强、对生态环保服装的要求越来越高的必然结果。

2. 理念创新是发展绿色设计的根本

生态纺织服装绿色设计的发展是以理念创新和技术创新为驱动力的。人类的绿色生态环保理念和对绿色时尚的追求也是随着经济和科学技术的不断发展和社会文化艺术的实践而逐渐形成和发展的，这使纺织服装与人的关系就更为密切。绿色纺织服装的设计能充分反映这种社会意向和社会功能。

生态纺织服装绿色设计是在遵循服装整体功能和造型设计规律的基础上，充分重视人类的生存环境和纺织服装深层次意义上的生态和环保理念与服装艺术造型及审美功能的创新结合，并把这种理念贯彻到产品生命周期的各个环节中去。

绿色服装设计源于绿色消费，同时绿色服装设计也应起到纺织服装绿色化的先导和引领作用。绿色服装设计的先导作用表现在，应把先进的节能减排技术、新材料、新工艺和纺织服装设计密切结合起来，并用生态环保的设计理念和艺术表现力去开拓生态纺织服装的未来。引领作用要求服装设计师要用创新的理念、创新的模式、创新的艺术手段，引领消费者建立低碳消费时尚观念和绿色环保的生活方式。

生态纺织服装绿色设计不仅是主导21世纪服装设计的主流，同时也是纺织服装产业的一场革命，对人类社会文化的影响是巨大和深远的。

（二）设计风格的多元化发展

现代生态纺织服装绿色设计创意思维的核心是更着重于消费者对纺织服装产品生态环保、健康安全的心理感受及与环境的协调发展，使生态纺织服装精神和物质的需求更加融合。这种协调和融合就是强调生态纺织服装绿色设计的现代感，是生态纺织服装绿色设计的依据和出发点。

在现代化的社会生活中，人们充分地享受到了经济高速发展所带来的极为丰富的物质生活，同时也深深地感受到了由于地球资源的过度消费引起的大气变暖、空气污染、生活环境恶化、生态破坏等灾害。

同样，人们对服装的风格、款式、质地的追求，也不仅仅是满足于对服饰华丽外在效果的需求，而是更倾向于追求服装的舒适、生态、安全、健康、美观和自然以及与绿色社会生活大环境相适应，能充分、和谐地展现出生态纺织服装的高雅风格和艺术美感。

简约单纯、舒适自然、功能灵动是目前生态纺织服装设计风格发展的主流，设计风格更多地倡导回归自然的环保主义主题，有以下几种重要的表现形式：

1. 极简主义设计风格

（1）极简主义。极简主义（Minimalism），又称简约主义，是一种在 20 世纪 80 年代起源于西方国家的设计风格和流派。20 世纪 80 年代，西方经济高速发展，社会消费呈现奢华景象，服装的设计风格以繁复为主，而简约主义是对这种过度复古、奢华风格的叛逆。

极简主义设计是运用单纯、简练的设计语言来表达对服装的设计，其表现在简约的服装结构、节约的原辅料、简洁明快的造型、洁净的表面处理，追求利用最低的生产成本和更先进的生产技术去获得更卓越的功能，使服装的设计技巧和审美理念得到进一步升华。

极简主义设计遵循“简单中见丰富、纯粹中见典雅”，以否定、减少、净化的思维模式，以减法为设计手段，实现简洁而不简单的设计效果。

极简主义更注重服装的功能性，删除繁复的装饰细节，以精练、简洁的设计语言表达出设计概念。

服装界中极简主义设计风格的代表设计师有德国设计师吉尔·桑德（Jil Sander），意大利设计师乔治·阿玛尼（Giorgio Armani），美国设计师唐纳·凯伦（Donna Karan），卡尔文·克莱恩（Calvin Klein）等。

吉尔·桑德是极简主义风格服装设计师的杰出代表，她在继承德国传统、简洁、纯朴理念基础上，追求服装结构最本真的表达，以极简的设计语言演绎现代时尚，其作品设计的简约、材料选择的精细、色彩的纯净、制作工艺的精致成为极简主义风格服装设计的经典范例。

美国服装设计师卡尔文·克莱恩崇尚更加自由实用的极简主义风格。简约的时尚风格更加突出了简洁、冷艳的服装个性，产生一种品位独特的时尚感，在整体的简约设计中表达出典雅的风格和休闲的气息。

（2）极简主义服装设计风格解析

风格：极简主义服装设计风格和理念与人们追求生态、环保的生活理念是一致的，在款式结构上以人体美为最好的廓型，在保证服装功能性的基础上保留了服装最基本的结构与本质，用减量化的设计手段、简洁的线条、纯净的色彩、精致的剪裁和最精练的设计语言来表达出设计的生态美学理念。

款式结构：极简主义风格的服装在造型上重视人体与廓形的协调，强调保留服装基本结构的本质，尤其关注肩线的表达，所以服装廓型多为长方形、圆筒形、帐篷形等。款式以服装的基本款式为主，通过对服装细节精心设计和构思使服装具有设计的美感。

色彩：单纯的色彩风格是极简主义的主要色彩特征，尤其是黑、白、灰等色系是极简主义风格服装的主体色调。此外，蓝色、咖啡色、红色、绿色等明度较低的色彩在此类风格服装中也应用广泛。

材料：极简主义风格服装设计虽然要求款式简洁，但对服装材料的材质要求很高，一般更注重面料的肌理和平面结构的质感。常用的生态面料有天然面料中的棉、毛、丝、麻或混纺面料等。

极简主义风格服装设计说明：极简主义风格服装设计充分表达出极简主义风格服装“简约而不简单”的重要文化内涵，在简洁、单纯的表面下，需要设计师对服装设计整体观念的把握和控制，使服装设计中的每一个环节都渗透着更加精巧、准确的结构，并通过对服装面料材质的严格选择、精准的剪裁、单纯的色彩搭配、精细的加工等程序来表达极简主义风格的设计概念。

2. 环保主义设计风格

环保主义（Environmentalism）设计风格始于20世纪90年代，世界能源危机和生态环境的恶化使人们对造成资源枯竭和环境污染的过度消费行为进行反思。世界“绿色浪潮”的兴起使生态环保意识渗透到服装文化领域，绿色环保的生活时尚、新型生态材料的开发、资源的回收利用成为服饰文化的新潮流。

环保主义风格体现在服装设计理念上，要求服装设计师在考虑服装功能性和审美性的同时，更要关注服装与人类的生存环境密切相关的环保性能、资源消耗、能源利用、污染控制等问题，使服装设计与环境保护融为一体，实现服装功能性、审美性、生态性、环保性相结合。所以，节约资源、降低能耗、减少污染、促进生态系统良性循环的环保主义设计理念是实现人与环境和谐发展的重要措施。

环保主义设计倡导“减少主义”，追求用最低限度的素材来发挥最大的效益。自20世纪90年代起，各国都十分重视资源的开发和利用，美国、欧盟、日本等国都相继开发出许多新型的纤维原料，并且利用现代生物技术培育出生态彩色棉花、生态羊毛及各种有利于人体健康、对生态环境影响小的可再生或可回收利用的新型纤维。

环保主义设计风格的代表设计师有法国的帕克·拉邦纳（Paco Rabanne），日本的川久保玲、山本耀司、三宅一生等。

川久保玲以概念、睿智、功能的设计路线享誉世界服装界。她提出了对“极大主义”过度消费的批判，其作品在积极吸收一些艺术设计元素的同时，还运用单纯、简练的设计语言，强调节约、废物利用，未完成的半成品在其作品中大量出现。她认为，服装应“接近社会，更个性、更独特，因为这是个性的表达”。帕克·拉邦纳在服装设计的面料选择上倡导选用生态环保、可回收再利用的绿色材料来诠释时尚。随着纺织科技的发展，各种新型生态纺织材料在服装设计中得到更广泛的应用，环保主义风格成为生态经济下新的时尚潮流。

环保主义服装风格：回归休闲、健康、安全的绿色生活时尚，简约的消费理念、节约资源、减少生态环境污染是环保服饰文化的主要文化特征。相对于传统设计，环保主义服装设计要求服装在满足人类对服装的基本功能需求外，还要同时更加重视服装的环保性能。环保主义服装设计风格追求简约、简洁和生态环境的和谐，实现以人为本的设计理念，考虑服装的生态环保，体现人性化设计，使着装者舒适、安全、美观。

在款式结构设计方面，追求简约和减量化设计原则，注重服装的可搭配性和回收再利用率，整体设计上要协调统一，局部装饰设计要格外谨慎、含蓄。

在用色方面，多采用来源于自然界中的纯净色彩，常以白色、绿色、天然纤维色等天然素材的本色为主要色彩特征。

环保风格服装对服装材料的生态性有严格要求，一般可采用符合生态环境标准的天然纤维或合成纤维面料。

随着科学技术的发展，一些新型绿色环保纤维面料也得到广泛应用，推动了生态环保服装的进一步发展。

环保风格设计在服装款式结构、材料选择、色彩设计中均融入了生态环保、健康舒适的设计理念。设计采用自然舒畅的款式、生态天然的面料、朴素典雅的色彩，追求一种宁静、纯朴、自然的美感，表达出人们在紧张、快速的生活节奏中，渴望追求单纯、平静的情感。

3. 自然主义设计风格

从 20 世纪末至今，回归自然和返璞归真一直是服装界的主要设计潮流之一。由于工业的污染和人类生态环境的破坏，唤起了人们的环保意识和对大自然的眷恋，并通过对自然物态的重新塑造来表达对回归自然的真情。

自然主义风格的服装设计，是通过对自然创作素材的巧妙处理和造型艺术的表现来突出服装的自然特征。它强调人与自然的和谐，充分表现出人体的自然属性和大自然协调的宁静之美。

在设计创意方面，运用自然界的植物、花卉、树木、湖泊、山川、海洋、天空、原始的自然色彩，创造出清新自然、朴素和谐的时尚风格。

自然主义设计风格的代表设计有三宅一生、华伦天奴等。三宅一生随性、实用的设计风格，丰富的想象力和创造力对服装界产生了重要影响，并创造了“一生褶”“一块布”的创意理念。“一生褶”技术不仅降低了服装的生产成本，而且为服装外形设计提供了更大的选择余地。“一块布”是以软管或针织布为原料，把剪裁线印刷其上，让消费者根据自己的喜好自行剪裁。三宅一生此举杜绝了面料浪费，鼓励消费者参与到设计中来，更符合现代消费者个性化的需求。

华伦天奴（Valentino）在2014年春装设计作品中展现出服装的自然主义风格，设计充满人性和细致，贴身的线条搭配精细的加工、过膝长裙，突出女性身材的优美，晚礼服的长裤充分显现了女性妩媚的味道。

自然主义服装设计风格的审美倾向和设计理念具有强烈的传统文化和民族艺术的风格，用服装设计的语言表达出了对自然情调的期盼和原始风格的渴望。大自然和传统文化中至真、至善、至美的情感和来自自然界的创作灵感，都是自然主义服装设计创作的源泉。自然主义风格服装强调人与自然的高度协调，充分表达出人体的自然属性和大自然恬静之美。

21世纪，自然主义服装设计风格一个重要的表现是色彩和装饰纹样大多从大自然中获取创作灵感，土地、草原、森林、天空、海洋、冰川、麦田等色彩的提取是自然主义风格的重要内涵。在整体设计创意、色彩选择设计、细节设计、个性塑造等设计环节，设计师在设计理念上更为关注对自然和生命的热爱和赞美。

自然主义服装的款式多从大自然中汲取创作灵感，使自然风格的款式丰富多彩，造型千变万化。例如，以自然界生物廓型为设计灵感的喇叭裤、蝙蝠袖、荷叶领、孔雀裙等时尚服装，都是设计师对自然元素充分吸收后再对服装款式结构设计的精彩演绎。

大自然浑然天成的色彩是自然主义风格服装色彩设计最直接的灵感来源，设计师从绚丽多彩的大自然中汲取创作元素，从自然界和非自然界的客观观察入手，去发现各种服装的新奇色彩，如天空色、海洋色、动植物色等。

天然纤维材料是自然主义风格服装最常用的服装材料，设计师用天然纤维面料，以形式美的创意构思，设计出突出服装的自然特征和强调人与自然和谐之感的服装作品。此外，一批新型纺织材料如基因彩棉、牛奶蛋白、新型合成纤维等在自然风格的服装中也得到广泛应用。

自然主义服装设计力图体现自然主义服装设计风格的本质特征，健康、大方而自然，在随性的修饰中表达出一种自然天成的魅力。简洁宽松的无领裙装、民族化的长袖套裙、朴素大方的晚礼服造型都体现了这种自然的风格。构成自然风格的服装面料追求天然、生态的材质，如薄棉、真丝、丝绒、绸缎及新型生态纤维等，在色彩上多以大自然的色彩来表达自然、空灵的色调，色相多选用类似色。

4. 解构主义设计风格

解构主义于20世纪90年代在服装界掀起热潮，全新的设计思维冲击着服装设计的传统模式。

著名服装学者凯洛林·里诺兹·米尔布克对解构主义设计做了全面的解释，"解构主义时装最显著的特点是，在身体与服装之间保留空间。他们的服装应用了多样化的方法，配合多样化的创意，顺着身体的曲线设计，但并不是穿着者的第二层皮肤，大部分面料是依附于穿着者身上的"①。

解构主义在服装造型上打破原有格局并不断创造新形式，对服装的结构、材料和图案进行重新解构和组合，利用不对称的剪裁与宽松无结构的处理，将服装与人体合二为一，进而演绎出风格鲜明、色彩独特、变化多样的服装形象，为服装的发展注入了新的活力。

解构主义设计理念和设计手法为生态纺织服装设计提供了更广阔的设计空间，比利时著名设计师马丁·马吉拉（Martin Margiela）对旧服装进行重新设计，使过时或废弃的服装重新获得新的活力。这种环保理念的生态设计模式，成为一种新的绿色消费时尚。

解构主义设计体现的是一种对传统观念和结构的否定，以创造性思维对设计的形式和内容进行再创造，从而创造出一种新的服装架构和表达形式。

"简单的结构，复杂的空间"是解构主义设计的核心内涵。日本著名的解构

① 陈彬．时装设计风格第3版[M]. 上海：东华大学出版社，2019.

主义服装设计师三宅一生对解构主义服装设计做了这样的解释:“掰开、揉碎、再组合”，所以三宅一生的服装设计作品在形成惊人奇特结构的同时，又具有寻常的宽泛、雍容的内涵。

解构主义服装放弃了对传统审美理念和传统结构的单一追求，拒绝公认的轮廓和曲线的造型原理，通过改变服装结构中各部分的独立性、关联性，形成无序的结构状态。

解构主义的款式结构设计，主要是通过对服装结构的重组和再造来塑造形体。在分解和重组过程中，把原有的服装裁剪和结构分解，对服装款式、面料、色彩进行改造，加入新的设计元素使之重新组合，通过省道、分割线、打裥、拼接、翻折、伸展、折叠、再造等手法，构建全新的款式和造型。

解构主义服装的色彩设计，常用黑色作为主色调，通过色彩的细微差异来表现服装的丰富层次感，用白、灰、藏青、青、褐等颜色作为点缀，更能突出服装的审美特征。

材料是解构主义风格服装设计的关键要素和实现设计理念的载体。面料的二次设计和再造是在原面料的基础上进行再设计和再处理，使面料的肌理、织物结构、色彩、纹理、几何形状等在局部或整体上产生新的感官效果。

解构主义风格设计注重“简单的规律，复杂的空间”的设计理念，强调服装设计的整体性和具有自我调整严谨结构的造型，使服装设计呈现别具特色的审美效果，创造出一种全新的服饰风格和特质，如夸张的肩部造型、领部结构的曲线变化、袖子的立体化塑造、裙身宽松不对称的剪裁等，都突破了服装的常规结构，创造出一个新的服装形象。

二、生态纺织服装绿色设计的材料选择

（一）材料选择原则

生态纺织服装材料包括服装的面料和辅料，在构成生态纺织服装材料中，除面料以外的其他材料均为辅料。

生态纺织服装材料的选择，就是根据不同产品的要求，从大量备选的面料和辅料中选择符合产品性能要求和生态要求的材料。

辅料中包括：里料、衬料、垫料、填充料、缝纫线、纽扣、拉链、钩环、绳带、商标、使用明示牌及号型尺码带等。

生态纺织服装原辅料的选择，通常是在产品设计初期决定的。原辅料的选择基本上决定了产品的性能、成本、生态、环境等核心要素。所以，生态纺织服装原辅料的选择将对产品的绿色设计产生重要的影响。

在传统的纺织服装设计中对原辅料的选择，主要侧重于服装材料的功能性、装饰性、耐用性、经济性等相关性能，很少考虑到材料的生态性、环保性、安全性以及产品与环境的和谐性。

在选择材料的方法上，传统的纺织服装选择的方法有：依据设计经验的选择法、试选法、筛选法、价值分析法等。一般的情况下，这些传统的选择方法都可以满足设计的要求，但是对于采用绿色设计的生态纺织服装产品的设计还必须进一步完善，在材料选择过程中还应考虑以下五种因素：

（1）原辅料使用后废弃的回收处理问题。

（2）生态纺织服装材料对生态技术标准要求。

（3）加工生产过程对生态环境的影响。

（4）原辅料生产过程的生态环境。

（5）原料和辅料的生态指标要求的细化分类。

生态纺织服装绿色设计的材料选择的原则是根据产品的特点，将产品的功能属性、生态环境属性、经济属性相结合，综合考虑原辅料的基本性（使用性、工艺性）、经济性和生态性三大要素进行材料选择。

（二）材料选择方法

生态纺织服装绿色设计的材料选择就是在产品设计时应尽可能选择符合产品要求的生态性纺织材料。生态纺织服装的原辅料选择必须严格要求，如果没有符合生态纺织服装要求的材料作为基础，产品的性能就无法得到保证。

生态纺织材料的性能由基本的物理性能（织物组织结构、强度、耐用性）、化学性能（理化性能、稳定性能）和生态环境性能（生态环保性、安全健康性）及审美性（外观、色彩）组成。生态纺织服装的属性是通过对产品生命周期的评价，使产品对生态环境的影响降到最低，如图 3-4-1 所示，绿色材料属性及其对设计过程的影响。

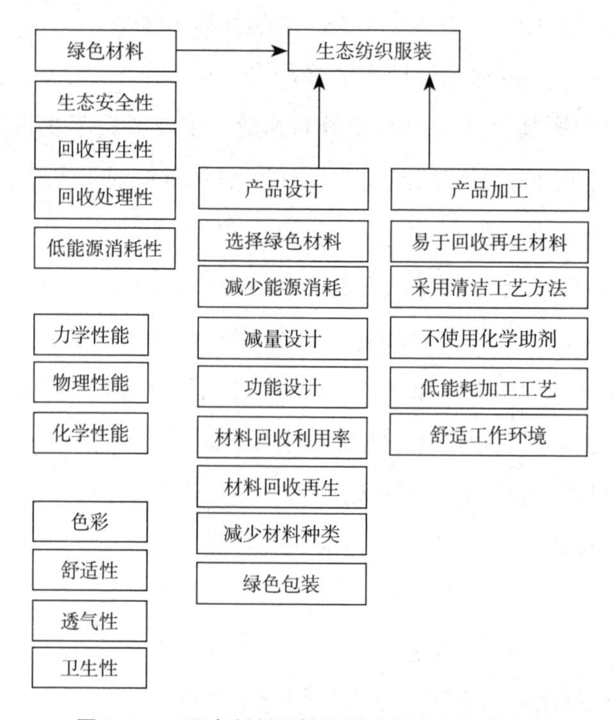

图 3-4-1　绿色材料属性及其对设计过程的影响

生态纺织服装的材料属性的选择设计，与产品在加工生产过程中的生态环境影响有密切的相关性。这些影响因素包括：生态安全、低能耗、低排放、回收再利用、产品功能性等。因此，生态纺织服装的材料选择是产品设计的最基本的要素之一。

为了使产品在绿色设计中，更有针对性地选择生态纺织服装产品的原辅料，一般在设计前即对产品需求材料进行调研，并根据《生态纺织品技术要求》的标准确定选择范围和制定生态纺织品材料指南，指导材料的选择工作。

1. 影响材料选择的因素

如图 3–4–2 所示，为了使生态纺织服装产品的材料在自然环境和社会环境中适于穿着和加工，并在加工生产过程中有良好的加工性能和使用性能，所以对选择的影响因素的研究是极为必要的。只要准确地了解这些因素，就能按生态纺织服装产品的不同要求合理地选择服装材料。

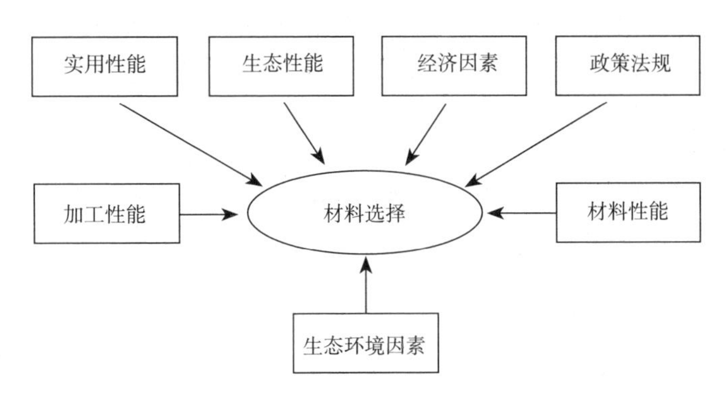

图 3–4–2　影响材料选择的因素

（1）材料的实用性能。材料的实用性能主要包括织物的结构特征、强度、形态稳定性、物理化学性能、外观性能、保健和卫生性能、感官性能、耐用性能等材料的物理和化学性能。这些性能使产品适于穿着和加工制作。

（2）材料的生态性能。材料的生态性能主要包括材料的生态性、安全性和材料生产自身的环境因素等。无论是选择天然纤维材料，还是选择合成纤维材料，都能在材料上带有对人体健康有危害的有毒有害物质。为保证产品的生态性和安全性，材料的生态性能必须符合相关国家或地区所制定的生态纺织品材料标准。

材料生产自身的环境因素，也是绿色设计中重要的选择条件。生态纺织服装绿色设计，是一个产品生命周期的系统设计过程，包括原材料获取环节，所以该环节的环境因素对绿色设计全过程产生重要影响。

（3）经济影响因素。经济影响因素包括材料的生产成本、运储费用、消费使用费用、回收处理费用等因素。经济因素是影响材料选择的重要判断因素和选择依据，也是企业经济效益的重要指标。

（4）有毒有害物质监控。因为绿色设计更多地要考虑到材料在产品生命周期中对生态环境的影响和资源的利用，因此传统纺织服装对材料的选择标准已无法满足绿色设计选材的需要，而是必须立足于生态纺织品的法律法规和标准要求。在材料选择上，应在传统材料选择标准的基础上，同时监控以下内容：禁用偶氮染料、致敏染料、致癌染料、杀虫剂、可萃取重金属、游离甲醛含量、pH 值、含氯酚、含氯有机载体、六价铬、多氯联苯衍生物、有机锡化物、镉含量、镍标准释放量、邻苯二甲酸酯类 PVC 增塑剂、阻燃剂、抗微生物整理、色牢度、气味、消耗氧气层的化学物质等。

此外，还有一些化学品和原辅料有可能被某些国家的生态纺织品标准列入监控范围内，如酚类聚氯乙烯非离子表面活性剂（APED）、卤代脂肪族化合物、含氯漂白剂、二甲基甲酰胺、多种有机单体、石棉材料、部分芳香胺及其盐类等。这些监控的指标或标准要求，有的是以限量值标准指标作为产品的控制措施，有的则是以禁用的措施加以监控。

近年来，国际上关于生态纺织品的立法非常快，涉及的监控领域和范围不断扩展，检测的精度和技术手段要求也越来越高。我国在生态纺织品立法方面虽然紧跟国际发展动态，但在相关的检测仪器设备和测试方法上与国际最新发展仍有一定差距。目前，在检测项目上还有一部分采用的是通用技术或内部协商的检测方法。在前面介绍对生态纺织服装需要监控的项目中，还有相当一部分项目的检测需要研究新的标准和开发新的检测手段和方法。

我国目前虽已颁布的有关生态纺织品的法律法规和标准，但还不能对所有项目进行检测，仅可根据国际贸易的需要和我国的国情选择一部分进行项目检测。

随着科学技术的发展、生态纺织品立法的不断完善以及新的检测方法和标准的颁布，检测的项目和范围也将会扩大，逐步来满足生态纺织服装产业对材料生态性检测的要求（表 3–4–1）。

表 3-4-1　纺织服装和原辅料生态性检测项目

不同原料的纺织品			服装辅料	
纯天然纤维	纯聚酯纤维	非天然纤维和聚酯纤维	金属辅料和配件	塑料和其他辅料
pH 值 甲醛 可萃取重金属 禁用偶氮染料 致癌染料 耐水洗色牢度 耐摩擦色牢度 耐汗渍色牢度 耐唾液色牢度 杀虫剂 PCP/TeCP	pH 值 甲醛 可萃取重金属 禁用偶氮染料 致癌染料 耐水洗色牢度 耐摩擦色牢度 耐汗渍色牢度 耐唾液色牢度 PCP/TeCP 致敏染料	pH 值 甲醛 可萃取重金属 禁用偶氮染料 耐水洗色牢度 耐摩擦色牢度 耐汗渍色牢度 耐唾液色牢度 PCP/TeCP	重金属 Ni 释放量	重金属 偶氮染料 总镉（Cd）

2. 动态的选择标准

生态纺织服装材料判断的标准是一种以设定的相关产品的生态环境的负荷设限的技术标准。随着科技进步和人类环保意识不断增强，对生态环境的要求越来越高，这个标准也将是一个不断完善和提高的动态过程。

（1）应该把生态纺织服装材料的选择与概念的“绿色材料”加以区分。生态纺织服装材料是一个综合性的材料指标，而不仅仅是一个概念性创意指标。

（2）把生态纺织材料与“天然材料”加以区分。“天然”不一定“环保”，环保的材料也不一定是天然的，因为传统的天然材料在种植过程中通常会使用大量化肥、杀虫剂、灭菌剂，在加工生产过程中的漂白、染整等都可能使“天然材料”受到污染或含有有毒、有害物质或重金属离子，从而使“天然材料”达不到生态纺织服装材料标准。但如果在天然材料生产过程中，严格控制各项生态环保指标，材料符合生态纺织品标准，那么这种天然材料就可作为生态纺织品材料。同样，一些化学合成纤维材料，在产品生命周期中采用绿色合成技术和加工技术，产品符合生态纺织品标准，那么这种材料也可称为生态纺织品材料。目前，世界经济发达国家各类的生态纺织服装材料被普遍应用，得益于先进的环保科技和严格的质量标准控制体系。

（3）要做到感性标准和理性标准的统一。服装款式的造型需要依靠材料的柔软、悬垂、挺括、厚薄、轻重、舒适、色彩等感性特征来选择，但是这种传统的选择标准必须与生态纺织服装的技术标准相结合，从产品整个生命周期来判断材料的功能性和生态性，同时要考虑材料的可回收性和再生循环利用性等因素。

3. 材料选择的步骤

生态纺织服装材料的选择是整个产品生命周期的起点，是进行绿色设计的第一步，可以把绿色设计的材料选择分为以下五个步骤：

（1）根据产品定位确定材料选择方向。材料选择要根据品牌的既定定位或客户的要求来决定所选材料的基本方向和大类品种。

（2）按材料需求的“5W1H”原则选择。在材料选择时要明确设计的目标对象（Who）、消费需求定位（Why）、季节性要求（When）、服用条件（Where）、消费心理（What）、价格（How much）。

（3）按材料功能特性选择。在绿色设计中对材料的选择是从纺织服装的整体性出发，按产品的功能性、生态性和工艺要求充分运用现代纺织材料的特点，来表达生态纺织服装的时代感。按材料功能性选择材料，应满足以下生态纺织服装的功能要求：

①满足产品结构造型需求，应考虑材料的密度、厚度、挺括性、悬垂性、弹性等特性。

②满足产品外观审美需求，包括材料手感、色彩图案、纹理结构、光泽度、透明度等材料特性。

③满足产品服用性能需求，包括材料的透气性、保暖性、耐磨性、吸湿性、可洗性、易保养性等服用性特征。

④满足产品加工工艺要求，包括材料的组织、密度、伸缩性、滑脱性等加工工艺要求特性及与辅料、配件的匹配。

⑤满足产品流行要求，关注材料、辅料、配件的流行趋势，把握材料流行动态，使材料选择具有时代感。

⑥满足经济性要求，对材料的价格和产品实用性及审美性作出准确的判断，并以此作为材料选择的决策参考。

（4）按材料的生态特性进行选择。生态纺织服装绿色设计材料的选择，应符合所在国家或地区制定的产品生态环保质量标准。我国的生态纺织服装材料应符合国家强制标准 GB18401—2010《国家纺织品基本安全技术规范》或推荐性标准 GB/T18885—2009《生态纺织品技术要求》和 GB/T24001《环境管理体系》等国家相关标准；若为出口产品，应符合相关进口国家所制定的标准或合同约定相关标准，如欧盟 OEKO-Tex Standard 100 标准和 ISO1400 标准等。

（5）对初选材料进行评价。经过上述按需求、功能、生态等要求对材料进行初步筛选后，待选用的材料范围已大为缩小。这一阶段的任务是对初选材料进行综合性评价，并用生态性限值指标对材料进行考量，决定最佳材料。

（6）验证所选材料。如图 3-4-3 所示，对批量生产的生态纺织服装，应先按生态纺织品检验规范对产品的生态性进行检测和试生产工作，当确认无误后再投入市场，而且要不断接受市场反馈的质量信息，作为材料选择和产品改进的依据。

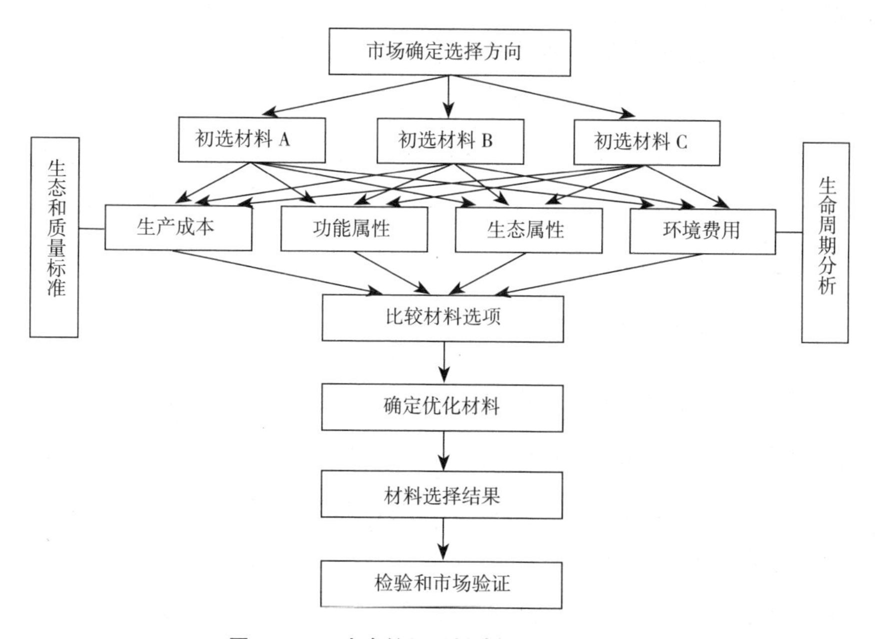

图 3-4-3　生态纺织材料选择的方法和步骤

三、生态纺织服装结构的绿色设计

生态纺织服装的结构设计是一种对生态纺织服装材料的性质、造型形式进行系统加工的目的性的创造活动。

生态纺织服装绿色设计最根本的目标是提高资源利用率和对生态环境污染最小化，而服装的结构设计是实现节约资源的重要措施。

在对产品进行绿色评估时发现，在资源节约方面，结构设计的贡献率为63%～68%，材料选择贡献率为21%～27%，其他方面的贡献率为12%左右。在减少环境污染方面，结构设计的贡献率为21%～26%，材料选择的贡献率为48%～53%，其他方面的贡献率为27%左右。

在绿色设计中，要求用现代生态科学技术与艺术手段去表达生态纺织材料的特征和美感，并从产品生命周期的全过程去考虑结构设计与其他环节相互影响的生态环境关系。

生态纺织服装结构的绿色设计与传统纺织服装一样要遵循“使”和“用”的形式美法则。

无论是服装造型的二维平面结构，还是服装造型的三维结构，服装结构设计都是将二维空间和三维空间结合起来，创造符合人体工学规律的适度空间的综合设计。在这当中，形式美的法则应用于生态纺织服装的结构设计上，从而成为生态纺织服装走向现代设计的标志，生态纺织服装结构设计应具有现代化的形式美、简约、减量化、功能完善等特点。

（一）生态现代化的形式美

与一般的服装设计一样，生态纺织服装的款式构成与实用性和审美性密切相关。现代生态纺织服装绿色设计的核心是更注重人体健康和保护生态环境，这样使生态纺织服装的实用功被进一步深化，精神和物质的需求更紧密融合。这种深化的理念，就是强调生态纺织服装设计现代感的依据和出发点。

在社会经济高度发展的现代生活中，追求自然、舒适、生态的生活理念和现代人追求自我人生价值、突出个性的特点，要求服装的款式结构具有与社会大环境和消费理念相适应的现代感，协调地表现出生态纺织服装的高雅格调和生态美。

1. 造型的简约化

在现代社会繁忙、紧张、快节奏的压力下，为了获得生理和心理上的平衡，人们向往自由、单纯、简单的生活方式，由此发展为喜欢简约、单纯的服装造型。可以说，简洁的款式结构更符合社会流行的消费时尚，具有实用性、易加工性等特点。

2. 款式结构的多元化

服装的款式结构设计是利用排列组合的方式，将有限的服装款式在使用形式上得到扩展和延伸。现代服装的款式结构设计追求的是服装的“空间”活动效用，这种效用是消费者在设计师设计的服饰美大环境中，根据需要可以任意组合服装的搭配方式。这种多元和随意性的款式结构，扩展了服装的应用范围，有效地利用了资源，满足了生态环保的需求。

3. 自然美的审美需求

追求回归自然的文化思潮已成为一种现代服饰文化时尚，这种时尚反映在服装设计领域，则表现为崇尚天然材料、自然色彩、自然肌理，在款式结构上，主要表现为纯朴自然、无奢华感的款式设计风格，在材料性能和质感上则体现为尽量减少人为的装饰，追求自然的美感。

4. 生态设计的科学化

生态纺织服装款式结构的绿色设计是以其科学性、合理性、实用性、机能性为宗旨，在设计中坚持“5R”的生态设计理念：减量设计（Reduce）、再利用（Reuse）设计、再生循环（Recycle）设计、回收（Recovery）设计、环保选购（Reevaluate）设计。

生态纺织服装款式结构设计，是产品生命周期绿色设计的重要组成部分。结构设计是款式和加工工艺之间的过渡环节，产品结构设计是否合理，对纺织材料的使用量、产品功能性、加工生产工艺的选择、使用后的回收处理等有着重要影响。

生态纺织服装款式设计主要体现在服装外形线的整体廓形和服装内部的造型变化上，两者的构成组合是款式设计的重要内涵。所以，在款式设计中，不仅要考虑服装整体廓型美、比例的协调性，同时要考虑内部造型的实用性、审美性，使之协调统一，塑造出一个整体完美的款式造型。

服装款式设计是以人为本、以功能性为核心的设计，与人体形体紧密相关，并与服装结构、材料、色彩、装饰等共同结合成一体来表达服装的外部廓型。生态纺织服装大多呈现直筒形、三角形、梯形或圆形轮廓线。细部设计包括领、肩、袖、前胸、门襟、口袋、裤腰、裤腿及各种襟带、开衩口等。生态纺织服装的设计极为重视服装的细部设计，坚持删除过多繁复的装饰细节，用精练的设计语言表达出细部设计的精华。

（二）减量化的结构设计

减量化设计是通过绿色设计的技术手段设计出合理的服装款式结构，使产品尽量减少对服装原辅料使用的种类和数量、减少资源消耗、减少废弃物产生、改善产品回收利用性能的过程。这是纺织服装业充分利用资源、减少污染的基础途径之一。

生态纺织服装款式结构减量化设计应遵循以下三项原则：

1. 减量设计

在不影响生态纺织服装功能性的条件下，通过产品简约、单纯和明快的结构设计减少原辅料的使用量，如选用轻质原辅料、避免过多的装饰、除去不必要的功能等。

2. 非物质化设计

简化产品结构，采用“简而美”的设计原则，如减少口袋数量、腰带、肩带等多余的装饰构件，除去或减少垫肩、内衬，利用服装面料本身的特性来达到相同的设计效果。

3. 减量化设计说明

减量化女装设计效果图。在整体简洁的设计中追求现代时尚的完美表达，结构单纯而清晰，以领部、肩线和腰线的设计为重点，使设计的服装简单而不失高雅，呈现出现代女性朴实、温婉的气质。减量化设计在尽量减少装饰物的情况下，色彩和面料成为设计的主要元素，所以更需要注重结构的严谨和面料的选择。

（三）再利用的结构设计

再利用结构设计是指在进行产品结构设计时要充分考虑到产品在使用后的再利用问题，在再利用结构设计中重点应考虑以下三项原则：

1. 整体再利用

生态纺织服装的整体再利用应有利于维护和保养、延长产品使用寿命，有利于使用功能的转换和重复再利用，并具有良好的服饰搭配性和多种穿配方式。

2. 局部再利用

在产品设计过程中，要尽量减少结构的复杂性，增大服饰组合的通用性和互换性，要尽量采用简单的组合方式，并使回收处理过程具有良好的可操作性。

3. 再利用服装结构设计实例说明

扩大服用功能设计效果图是通过对服装局部设计的变化，使服装的款式结构、色彩也产生多种变化，进而达到扩展服饰功能的设计目的。

（四）回收再生循环的结构设计

回收再生循环的结构设计是实现产品的合理回收和再生利用这一绿色设计方法的重要手段之一。

回收再生循环的结构设计是在产品结构设计的初期，要充分考虑到产品原辅料回收利用的可能性、回收价值的大小、回收处理方法等一系列与回收处理有关的问题，达到节省资源、减少环境污染、降低成本的目标。

生态纺织服装的回收再生循环的结构设计包括以下五方面内容：

1. 选用生态环保型原辅料

在设计中应尽量选用可降解和便于回收的材料，这样有利于在产品生命周期中减少对生态环境的影响程度。

2. 减少材料种类和数量

材料种类和数量的减少，将有助于减少生产加工工艺和回收处理的复杂性。

3. 避免使用复合材料

尽量避免使用多种复合材料及不易分解和降解的材料，减少在回收处理环节的难度，简化回收处理过程和降低回收成本。

4. 避免使用高污染的回收处理工艺

尽量避免使用高污染、高排放的回收处理工艺，以免对生态环境造成二次污染。

5. 再生循环设计说明

旧衣改制和废料再利用设计。比利时设计师马丁·马吉拉倡导旧衣改制和废料再利用的环保理念。这种独特的艺术风格成为现代服装的时尚理念之一。

（五）DIY 设计理念的应用

DIY（Do It Yourself），意为“自己动手做”，目前 DIY 理念在很多领域都得到了推广和应用。

随着人们对生态环境的重视程度日渐加深以及绿色消费理念的不断增强，绿色设计已成为服装设计的主流。DIY 绿色设计制作可以提高服装的利用效率和服装的功能性，使服装绿色设计的内涵得到扩展和延伸。

DIY 绿色设计理念源于绿色环保和资源的有效利用，主张通过设计的手段对废旧服装进行改造更新和再利用，增加服装的使用寿命，减少服装废弃物处理对生态环境的污染，倡导一服多用、组合搭配、旧服解构改制和环保制衣的设计理念。

1. 旧服装绿色结构改制

以旧的服装作为设计素材，通过对服装结构进行解构和组合，采用不对称剪裁或不同的色彩、材料、图案的裁切拼贴等设计手段，设计出风格鲜明、变化多样、富有个性的全新的服装款式。

旧服装绿色结构改制的特点主要表现为以下三点：

（1）个性化的独特性。旧衣服的改制，不仅提供了二手服装的面料、色彩、款式和风格，同时也蕴含了服装使用者的审美和艺术鉴赏力。无论是旧服装改制的设计师还是使用者，在设计时都可以通过服装的解构和重组增加新的设计元素，使其成为有个性色彩的独特产品。

（2）绿色环保性。DIY 理念下的绿色设计，鼓励使用简单的加工手段，通过设计使服装得到再次利用，节约了资源，减少了服装废弃物对环境的污染。

（3）互动参与性。在旧衣改造过程中，消费者的审美情趣和设计师的设计创意与旧服装本身三者形成互动空间，为消费者带来创作的体验与乐趣。

2. 扩展服装使用功能

现在 DIY 设计的发展已经由旧服装的改制向一衣多穿和功能组合形式发展。

“一衣多穿”的概念不仅是指旧服装改制后再利用，而且包括增加服装的功能性，使服装做到一服多用，以适应消费者在不同场合的着装有不同的风格和品位变化的需求。例如，一款服装，由于对袖、领、肩、裤的连接方式不同，消费者可以根据需要和穿着场合自行变化结构，组成长袖、短袖、背心、长裤、短裤等数种款式，进而扩展了服装的使用功能。

3.DIY 设计中的发展空间

国外 DIY 服装设计发展比较完善，在 DIY 理论研究和应用方面都进入了规范发展阶段，主要是通过电视媒体、网络平台和书籍等媒介向消费大众传授 DIY 设计技巧及提供相关材料和工具的销售，也有专门的服装店和设计师从事该项业务。

DIY 服装设计对服装设计师来说是一项具有挑战性的工作，它要求设计师要充分了解与消费者互动空间的方式、内容和范围，只有对消费群体的充分了解，才能发挥设计师的导向作用。

DIY 服装设计创意的理念来源于绿色设计，三宅一生和川久保玲的解构主义理念、侯赛因·卡拉扬对空间转移的思考、维维安·韦斯特伍德（Vivienne Westwood）关于应对金融危机的研究等都为 DIY 设计建立了深厚的设计理论和实践基础。

4.DIY 设计实例说明

旧牛仔装 DIY 设计。绿色生活理念倡导朴实、平和、自然的审美追求，在生态环保的生活态度下，节约资源、鼓励环保和对废旧服装的改制和再利用成为新的时尚。该款设计是把旧牛仔服通过结构改造使其成为全新的服装款式，进而满足着装者的着装需求。这种 DIY 设计可以自己动手制作，也可由设计师提供设计建议或图纸后经由双方共同完成。

半成品 DIY 童装设计，由设计师或 DIY 商店提供半成品或服饰配件，经由自己动手完成最终的服装产品。这种模式在童装 DIY 设计中更为普遍。

个性定制 DIY 设计，一般是高档的个性化 DIY 设计。根据消费者对服装的个性化追求，设计师与着装者共同探讨服装的款式、材料、色彩和流行时尚来共同完成设计。

四、生态纺织服装的色彩设计

色彩设计是生态纺织服装绿色设计的重要环节之一。在服装色彩中，色感是通过面料的质感来体现的，并与着装环境有着相互衬托、相互融合的关系。因此，在产品生命周期中，色彩设计是最能从整体上营造生态纺织服装的艺术氛围和价值的关键设计环节。

同时，色彩设计与各环节的生态环境又密切相关，无论是原材料的选择、后期的印染、整理、加工等生产工序，都和产成品的生态指标有关。例如，服装所用的染料品种、有毒有害物质含量、重金属离子含量、生产过程的节能减排状况等都与生态纺织服装的色彩构成都有着极为密切的相关性。

生态纺织服装色彩设计是以人为本的设计，它通过与款式结构、面料肌理相结合，运用配色美学的原理来考虑服装色彩组合的面积、位置、秩序的总体协调效果，设计出人和生态环境相匹配的服装色彩，以表达出人们对审美和对和谐生态环境的追求，这是生态纺织服装色彩设计的重要文化内涵。

（一）色彩应用原则

1. 视觉美感和实用功能协调统一

在生态纺织服装的审美中，最有视觉冲击力的不是服装的款式而是色彩，以人为本的服装色彩设计，表现了现代人在“绿色浪潮”下的觉醒，借助服装的色彩来展示真正的生态美。

生态纺织服装的色彩设计，除满足消费者审美需求外，还具有视觉识别、职业识别、色彩心理平衡等实用功能。所以，要使生态纺织服装色彩设计的效果达到视觉审美和环境的和谐统一，在配色设计上要注意以下六个方面：

（1）色彩的关联设计。色彩与面料材质之间是相互依存的，生态纺织服装的色彩是通过面料这一特殊物质媒介来体现的。实际上，服装的色彩变化来自面料的材质、染料、染整工艺等综合因素。由于面料的材质、组织结构和接受染料的程度不同，便形成了独特的材质特性和色彩特征。

（2）色彩的配置设计。为了形成统一、和谐的色调，可利用材质的异同进行组合，通过肌理的变化、不同材质相互拼接对比、时装元素的搭配，产生既有变化又协调统一的色彩效果。

（3）色彩的强调设计。在色彩设计中，有时需要强调某一部位，如头部、肩部、胸部、腰部等处的配色，从而形成视觉注意的焦点。这种配色可以在同一性质的色彩中适当地加上不同性质的颜色，并有意加强所强调部位色彩的纯度和明度，形成视觉中心，从而达到活跃整体色彩气氛的目的。

（4）色彩的间隔设计。色彩的间隔设计是当服装色彩配置出现紧邻的色彩对比过于强烈或过于相似的不调和感觉时，可利用中性的黑、白、灰或金、银色，在其颜色和颜色的交界处进行间隔处理，使整体色调达到和谐并形成明快、生动的视觉效果。

（5）色彩的节奏设计。色彩在服装中的运用是通过色彩要素的变化来产生视觉冲击作用，即通过色相、明度、纯度、色性、位置、材料等方面的变化和反复，表达出一种节律性、方向性的节奏感，体现出生态纺织服装的韵律。

（6）色彩的协调设计。生态纺织服装的配色数量不宜过多，承担服装主色调的色彩数量更是越少越好，一般以一两种为宜。这样，整体色调容易形成统一的风格，加上适度的点缀色，就可以创作出富有灵动变化的色彩语言。

2. 色彩与生态环境的和谐性原则

服装的色彩是以人的生理和心理的共同需求为基础，在其生活环境中自然发展形成的，这里的生活环境包括自然环境和社会环境。

服装的色彩强调人与环境的高度协调，充分地用色彩去表达人的自然属性和大自然和谐的美。这种境界体现在服装色彩的内在构成的生态环境、人体与服装之间的内空间环境和服装所处的外空间环境的状态之中。

色彩内在构成生态环境。生态纺织服装的色彩形成过程，无论是材料本色或经印染加工后所形成的色彩，都必须符合生态纺织品相关的技术标准，这也是色彩客观形成过程中对产品生命周期生态环境的和谐发展过程。

内空间的环境和谐。在服装和人体之间构成了一个内空间的环境，以人为本的服装色彩对象是每一个具体的人。所以，在色彩的表现上需要考虑到不同人的个人因素，通过不同的色彩组合，设计出富有个性的服装色彩。

外空间的环境和谐。由于服装色彩受到社会、风俗、民族、市场等大环境的影响。所以，服装色彩必须与时代的大环境相协调，才能创造出一个富有时代气息的服装色彩环境。

3. 色彩与市场需求和谐发展原则

生态纺织服装的色彩是与市场经济紧密相连的。服装作为商品必然会受到市场经济的驱动，也必将对服装色彩的选择产生影响。

随着现代社会经济和科学技术的发展，生态纺织服装的色彩更注重与现代审美意识的结合，融合现代时尚，把握流行色彩潮流，使色彩成为市场竞争中的有力手段之一。因此，生态纺织服装的色彩设计要树立市场经济的观念。

第一，树立为消费者设计的理念，根据市场消费需求确定产品色彩设计的依据。

第二，把握市场流行色彩趋势，增强服装色彩市场竞争能力，提高企业自主创新能力，尽可能通过服装色彩设计来增加企业经济效益。

4. 色彩与心理因素适宜性原则

在现代生活中，人们可以通过所喜欢的色彩来展示和丰富自己的个性。同样，色彩可作为一种语言来表达人的情绪和心理，因而人的情绪和心理可以直接影响人们对服装色彩的选择。例如，红色表达喜乐和欢庆的情绪；黑色代表庄严、凝重的氛围等。美国心理学家杰克布朗说，适当的选择衣服色彩有改善情绪的功效，尽管人们的工作环境可能有所不同，但选择色彩作为平衡心理的方式却是相同的。

5. 色彩与生态标准统一化原则

生态纺织服装的色彩设计要求符合生态纺织品相关标准和法律法规，对禁用染料和相关的有毒有害物质都有明确而严格的限量标准。所以，生态纺织服装色彩的形成过程必须符合相关生态标准规定。

（二）色彩预测

色彩预测已是当前国际服装产业发展中的一项重要工作。色彩预测师的工作并不是描述色彩本身，而是要分析和诠释色彩背后的社会文化，以及各种消费群体对不同色彩的感受和应用色彩的模式。

在服装中存在两个长短不同的色彩循环周期，色彩预测可以预测出哪一种颜色将在一段时间内成为主要的流行色，其后它将被其他相似色或对比色取代。

色彩预测的另一个重要作用是根据消费者对生态纺织服装的消费需求，提醒纺织印染企业更关注自然生态的染料和清洁化生产工艺的应用。此举可促使企业使用更加生态、环保的染料，并在服装界流行没经过印染和漂白的面料。

在纺织服装界中，使用最广泛的标准色模式是潘通色彩体系和国际纺织品标准色卡。这些标准色彩体系都是在阿伯特·曼赛尔发明的，以“色相、明度及彩度测定颜色”作为理论基础。潘通色彩体系是将1900多种颜色按照色彩类别进行编号的体系，颜色的编号标明了现有的染料品种，以及它在服装工业内常染的纱线和服装的颜色。

（三）色彩的设计方法

生态纺织服装色彩的设计方法是多种多样的，以下列举三种常用的方法：

1. 运用服装材质

在生态纺织服装色彩设计中，最为直接的构成因素是材质本身。第一步，根据服装材料，用直观的材质样品的色彩、肌理、质地等因素探寻色彩创作的灵感；第二步，根据材料色彩以服装效果图的形式表现出服装的色彩效果；第三步，根据效果图确定色彩设计的可行性方案。

2. 运用自然色彩

许多服装色彩设计的灵感来自大自然，大自然中蕴藏着丰富多彩、新奇绚丽的色彩，是服装色彩设计取之不尽、用之不竭的资源宝库。自然界色彩是指自然环境本身所具有的色彩，如天空、海洋、土地、植物、动物等色彩；非自然色彩是指人类所创造的色彩组合，如传统、现代的艺术色彩等。

以大自然的色彩作为服装色彩设计的灵感，经过提炼、加工、创新，运用联想和重构手段，把客观的色彩转化到主观的色彩设计中，从而营造出服装色彩设计的艺术氛围。

3. 运用色彩要素

色彩要素运用，如色相、明度、纯度、色性、浊度、色调等可以直观地体现生态纺织服装色彩的特点和风格特征。

色彩的设计还可以通过色相、明度、纯度三元素来进行。色相与基本色有关，即蓝、红、绿，纯色是很少的；明度是指一种颜色在白色到黑色尺度上的深浅变化，明亮的色彩称为浅色，较深的称为暗色；纯度是指色彩的相对强纯净度或弱纯净度，如红色随纯净度由强变弱的过程，色彩也由红变玫瑰红，再弱则变成浅粉色。

在任何一个色彩体系里，某种颜色与其他颜色的配合就像颜色本身的特性一样重要，原本沉闷的色彩可以变得鲜亮，原本强烈的色彩可以变得平淡。色彩个性的改变都是与所处环境有关。

第四章　生态纺织服装技术标准与绿色设计评价

要想判定生态纺织服装是否符合生态安全要求，要熟悉和了解国内外生态纺织服装技术标准规定，并对绿色指标的评价体系的内涵有准确的把握。本章为生态纺织服装技术标准与绿色设计评价，依次介绍了生态纺织服装绿色生态标签、生态纺织服装技术标准、生态纺织服装绿色设计评价三个方面的内容。

第一节　生态纺织服装绿色生态标签

标准是判定生态纺织服装质量和生态性的依据，也是产品进入国内外市场的必备条件，生态纺织服装执行标准的水平决定了产品在市场的竞争能力。

我国现行的生态纺织服装标准是以 GB 18401—2010《国家纺织品基本安全技术规范》、GB/T 18885—2009《生态纺织品技术要求》和 GB/T 20004《环境管理体系》系列标准为主体的生态纺织品标准体系，其中 GB 18401 为国家强制标准。

国际上是以欧盟为代表的欧盟生态纺织品（Eco-label）认证《生态纺织品认证标准》、OEKO-Tex Standard 100《生态纺织品标准》和 ISO14000《环境管理体系》系列标准为主体的生态纺织品标准体系。此外，美国、日本等一些经济发达国家也分别制定了本国的生态纺织品的法律、法规和标准。这些法律、法规和标准是国际上生态纺织服装绿色设计生态评价的核心标准和依据。

一、绿色环境标志的概念

绿色生态标签（Eco Mark），国际标准化组织（ISO）统称为环境标志（Environmental Labeling），也称为生态标志。

环境标志是一种产品证明性商标，标示在纺织服装产品或包装上。它表明该产品的质量符合标准，同时也表示该产品在原辅料获取、生产加工、消费、回收处理等产品生命周期过程中均符合特定的生态环保要求，是资源利用率高、节能减排、对人体健康有保证、对生态环境影响小的生态纺织品。

环境标志是受法律保护并经过严格的检查、检测、综合评定，并经国家法定机构批准授予使用的标志。某种产品是否能获得环境标志，取决于该产品是否达到了环境标志认证机构所制定的标准。

这些标准一般由设定标准的国家或地区以法律、法规、标准等具有法律效力的文件所组成。标准充分考虑到产品生命周期各个环节的生态环境影响，同时它也制定出产品在生命周期中对人体、大气、土壤、资源、能源、噪声等生态环境影响因素的限值标准。

环境标志一般由生态纺织品生产企业自愿提出申请，经批准后授予使用。企业是否申请环境标志并没有强制性规定，但在国际贸易上却是一张市场绿色通行证和市场准入证。在国内市场，环境标志也逐渐被消费者认知，成为提高产品市场竞争力的利器。

环境标志使消费者能够明确地辨别出产品的优良质量，并认识到该产品有益于身体健康和对生态环境的保护，更符合人们追求绿色生活方式和绿色消费的生活理念。

通过消费者的选择和市场竞争的检验，谁拥有绿色产品，谁就会拥有市场，而市场是企业发展的生命线。所以，生产企业也必须进行产业结构调整，提高自主创新能力，采用绿色生产技术，开发生态纺织服装产品来适应市场日益增长的消费需求，使企业达到经济和生态环境协调发展的目的。

在国际纺织服装市场上，生态标志是西方经济发达国家实施新的贸易保护主义的武器。它们严格限制非环境标志产品进口，在某种程度上限制了经济不发达国家产品的进口。在纺织服装产品上，我国是受其影响最大的发展中国家。

在经济发展全球化的形势下，生态经济已经成为世界经济发展的主流。实施环境标志认证，更有利于我国纺织服装业参与到世界经济大循环中去，增强纺织服装产品在国际市场的竞争力，我国也可以根据国际惯例，限制其他国家不符合我国生态环境保护条例要求的产品进入国内市场，从而达到保护本国利益的目的。

二、环境标志的发展

自 1978 年德国最早采用了蓝天使（Blue Angel）环境标志以来，30 多年间，法国、日本、加拿大等国相继推出了自己本国的环境标志认证制度。北欧的一些国家，如丹麦、芬兰、挪威、冰岛、瑞典等国家自 1989 年开始实行统一的北欧环境标志。韩国、新加坡、马来西亚等国也开展了环境标志的认证工作。

美国环境标志认证主要有：绿色徽章（Green Seal）、标准标签认证系统（Standard Label System，SLS）和能源之星（Energy Star Program）标志。

1993 年，欧盟推出了欧洲环境标志（EEL）认证计划，规定在欧共体任何一个成员国获得的环境标志都将得到欧盟其他成员国的承认。

国际标准化组织（ISO）于 1993 年专门成立了环境管理技术委员会，并制定了 ISO14000 系列环境管理体系标准，以促进世界有关各国环境标准的国际化。

三、主要的环境标志

（一）欧盟生态纺织品标志

OEKO-Tex Standard 100 生态纺织品标志是德国海恩斯坦研究院和奥地利纺织品研究协会制定的[①]，是现在使用最广泛、最具权威性的生态纺织产品环境标志，它主要是通过检测纺织产品的有毒有害物质来确定其安全性。

为了客观判断纺织产品的生态性能，OEKO-Tex Standard 100 标准制定了相关规定，按纺织产品分类对有害物质进行限量控制，只有经规定的程序和方法检测合格的产品，并取得检测号，才允许在其产品上使用“OEKO-Tex 标志”。证书一年有效，只适用于所检测的产品类。

根据 OEKO-Tex 国际环保纺织协会规定，OEKO-Tex 指定协会下属的成员机构负责在全世界十几个国家或地区指派一个官方代表机构负责具体业务，在我国上海、北京、香港、台湾都设有分支机构。

（二）德国蓝天使环境标志

前联邦德国（西德）1971 年提出对消费性产品授予环境标志概念后，于

① 搜狐网 .OEKO-TEX 可持续标签为消费者识别漂绿提供值得信任的证明 [EB/OL].（2023-01-31）[2023-04-05].https://www.sohu.com/a/635881050_121036411.

1978年由政府决定实施蓝天使标志（Blue Angel Mark），以减少对生态环境的污染。

德国联邦环境标志审查委员会为环境标志授予决策机构，邀请联邦环境研究委员会和产品安全及标志协会共同研究授证准则，由协会受理厂商申请、执行认证、签订标志使用协议书等相关事宜。

蓝天使环境标志是非强制性的鼓励性制度，该制度实施以来取得了很大的成功，主要原因是：

第一，采取阶段性鼓励和扶持的政策，当所设定的标准已被大部分企业达成时，再制定更高的标准规范，使企业和产品在每一阶段都有明确的目标；

第二，审核过程中对厂商所提交的声明文件给予适度的信任；

第三，对开放申请的产品，采取逐步开放，以每年3～6项的进度完成标准制定；

第四，政府支持和消费环境支持，增强消费者绿色环保的消费意识。

由于该制度的推动，100%的德国消费者愿意购买蓝天使标志产品，推行蓝天使标志产品的中小企业的营销收入也大幅提升。

（三）欧共体欧洲之花环境标志

欧盟的生态标志欧洲之花，由欧共体主管，并没有排除或改变欧盟成员国各自的环境标志计划。目前，欧共体中，有八个国家有独立的环境标志计划，其他欧共体成员均采用欧盟的环境标志。

环境标志产品的范围几乎涵盖了包括生态纺织品在内的日常消费产品，生态标准是通过严密的科学研究并结合经济和社会因素而制定出来的，为欧盟委员会对产品的环境标志的授权提供了科学依据。

生态纺织品申请进入欧盟市场，首先必须向欧盟委员会提出申请并提交符合欧盟生态标准的证明，通过环境认证取得“欧洲之花”环境标志后，产品才能进入欧盟市场并被消费者所接受。

欧盟生态标志制度是一个自愿性制度，制度的宗旨是希望把各类产品在生态领域的优质产品选出来并予以肯定和鼓励，从而逐渐推动欧盟各类消费品的生产企业进一步加强生态保护的步伐，使产品从设计、生产、销售、使用，直到废弃处理的整个生命周期中都不会对生态环境带来危害。生态标志还提醒消费者，该产品符合欧盟规定的环保标准，是欧盟认可的绿色产品。

（四）美国的环境标志

美国的环境标志主要由“绿色徽章”和“能源之星”两个体系组成。

1992年，美国环保署（EPA）和能源部（DOE）合作推出了“绿色徽章”（Green Seal）环境标志和“能源之星”（Energy Star）环境标志计划，目的是降低能源消耗和温室气体排放。目前，三十多类包括纺织服装产品在内的产品已被纳入此认证的范围。

计划自推行以来取得了很大的成效，成为一种具有重要影响力的国际环境标志，包括欧盟、日本、新西兰等国都有参加。

美国“绿色徽章”计划作为民间环境标志体系而推出。“绿色徽章”的主要任务是鼓励和帮助团体或个人，通过识别对生态环境影响小的产品，以达到保护环境和人体健康的目的，其宗旨是为创造一个清洁化的世界去推动生态环保产品生产、消费及开发。美国国内外的公司均可申请该标志。

申请“绿色徽章”的产品要根据其标准进行综合性评估，测试结果应根据标准规定推断，工厂质量控制体系还需到企业进行审核，以保证产品生态质量的可持续性。

（五）日本“生态标志”环境标志

1989年，日本环境厅颁布实施“生态标志”环境标志计划。日本“生态标志”图案是两只手拥抱地球，其含义是用我们的双手保护地球，手臂围成“e”字符号，是地球、环境、生态三个英文单词首字母“E”的小写形式，意味着人类要用双手来保护地球、环境和生态。

“生态标志”产品包括纺织服装在内的家庭生活用品和办公用品。“生态标志”产品选择的原则在于在使用阶段产生较小的环境负荷，且使用该产品后有利于环境的改善，废弃阶段对环境影响较小等。获得“生态标志”认证的产品必须遵守以下五点：

第一，在生产阶段提供适应当时环境污染的防治措施。

第二，产品使用后废弃物必须易于处理。

第三，产品使用时可节省资源、能源。

第四，产品品质和安全性必须符合法律法规、标准等要求。

第五，产品价格与同类商品相比不能太高。

日本的“生态标志”对产品的审核以 ISO 14020 及 ISO 14024 体系为基准，原则上要求该产品在整个生命周期中对环境的影响要比同类产品小。它鼓励并要求对材料循环使用，如对合成纤维作出明确规定，所使用的 PET 涤纶纤维必须是由再循环材料制成（废弃的塑料瓶等）。

（六）北欧“白天鹅”环境标志

1989 年 11 月，北欧国家芬兰、冰岛、挪威、瑞典部长级会议决定实施“白天鹅”环境标志计划，由北欧合作小组共同管理，产品规格和标准分别由四个国家起草，但经过一个国家验证后，即可进入四国的市场。北欧“白天鹅”环境标志的图案是一只在绿色背景下翱翔的白天鹅，由北欧理事会（Nordic Council）标志演化而来。

北欧“白天鹅”环境标志在产品从原材料到废品的整个生命周期中对产品进行环境影响的评估，并对以下方面制定了要求：能源和资源消耗、工厂废气、污水和废物排放以及产品本身固有的有害环境成分。另外，该标志也在产品本身的质量和功能上提出了具体要求。

四、我国绿色环境标志的认证和发展

随着全球生态经济的高速发展，人们绿色生态环保消费理念的增强，我国众多的纺织服装生产企业越来越重视提升企业自主创新能力和发展生态纺织产品的重要性和紧迫性，这也为我国环境标志的产生提供了根本的需求。

同时，世界各国开展环境标志认定的经验和所取得的成效分享，为我国环境标志认证工作的开展创造了必要条件。

1993 年，国家环保局颁布了“中国十环环境标志”图形。1994 年 5 月，成立“中国环境标志产品认证委员会”，该委员会是代表国家实施环境标志认证的法定机构，表明我国环境标志认证工作已走向正规化道路。

经过十几年的工作，我国基本建立了与国际接轨的环境标志产品的认证体系和比较规范的认证程序及标准，先后出台了《环境标志产品认证管理办法（试行）》《中国环境标志产品认证书和环境标志使用管理规定（试行）》等一系列文件，完成了 ISO 14020 系列标准化转化工作，包括 ISO 14020、ISO 14021、ISO 14024 等，并于 2000 年和 2001 年得到实施，为我国环境标志的创新发展奠定了基本原则和理论基础。

自 1993 年开始，国内相继推出了“中国十环环境标志”“中国节能节水标志”“CQC 质量环保标志”，以及 ISO 14020 系列标准等。

（一）“中国十环环境标志”

“中国十环环境标志”是由青山、绿水、太阳图案和十个环组成，表达了人类赖以生存的环境需要公众共同参与和保护。“环”，其内涵是“全民联合起来，共同保护人类赖以生存的环境”。

（二）“CQC 质量环保标志”

2003 年 9 月，我国正式推行“QCQ 质量环保标志”的认证工作。该项认证工作将有助于认证企业创立生态环保的绿色产品，提高产品的市场竞争力，实现企业可持续发展。

“CQC 质量环保标志”是一项依据 ISO 14024 标准制定的独立、自愿认证的业务。该标志将根据认证产品的质量要求和生态环保的保证条件要求以及认证的技术和环保要求，向消费者报告经认证的产品。不仅产品质量需要合格，而且在产品生命周期全过程中均须符合特定的环保要求，与同类产品相比应具有明显的生态环保优势。

（三）ISO 14000 环境管理体系

为促进企业对生态环境的管理，西方发达国家采取了许多有效的措施以促进环境管理的规范化。

1993 年，ISO 成立了 207 技术委员会（TC 207），专门负责环境管理的标准化工作，为此 ISO 中央秘书处为 TC 207 预留了 100 个标准号，标准标号为 ISO 14001—ISO 14100，统称为 ISO 14000 系列标准。

在 ISO 14000 系列标准中，由 SCI 技术委员会制订的 ISO 14000 环境管理体系规范和使用指南是 ISO/TC 207 所有标准中的核心标准，它的运行是实施 ISO 14000 其他标准的保证。

ISO 14000 环境管理体系标准是一个完整的标准体系，它把环境管理强制性和保护性、改善生态环境和生态环境的自愿性结合起来，为企业找到一条经济发展与环境保护协调发展的途径。

我国是 ISO/TC 207 的成员国，并积极参与 ISO/TC 207 的各项工作。1996 年，我国成立了国家环保局环境管理体系审核中心，专门负责 ISO 14000 系列标准在我国的实施工作。1997 年 4 月，我国正式将 ISO 14000 系列标准中的五个标准 ISO 14001、ISO 14004、ISO 14010、ISO 14011、ISO14012 转化为国家推荐标准。1997 年 5 月，我国成立中国环境管理体系认证指导委员会，标志着我国 ISO 14000 环境管理认证工作已进入规范化阶段。

第二节　生态纺织服装技术标准

生态纺织服装的质量和技术标准，是根据国际和国内市场的不同消费需求及各进口国家对纺织服装不同的政策法规要求执行的相关标准。在国际上最具权威性的生态纺织品标准是欧盟 OEKO-Tex Standard 100 标准。

我国也颁布了一系列生态纺织品相关标准，初步形成了生态纺织品的标准体系。这些标准规定了生态纺织品的技术要求、试验方法和规则、判定原则、包装、标志使用说明等范围。这些标准的推出具有重要的意义，它表明我国的生态纺织品标准已向国际化、标准化方向发展，对纺织服装产业结构调整、改善民生绿色需求、突破绿色技术壁垒束缚起着重要作用。

我国颁布的一系列生态纺织品相关标准和技术规范适用于在我国境内生产、销售和使用的服装和装饰用纺织品，包括内销产品和进口产品。至于外销的出口产品，可依据合同约定执行，不强迫执行该标准。

生态纺织服装的标准来自两个方面。一方面是依据现行的生态环境保护标准、产品质量标准及某些地方性法规、规定或地方区域性标准等制定生态纺织服装的技术标准。这种标准是绝对性标准，如我国颁布的国家标准 GB/T 18885—2009《生态纺织品技术要求》、欧盟颁布的 OEKO-Tex Standard 100《生态纺织品》标准等生态纺织品标准。另一方面是根据市场的需求和客户的要求，用指定的产品和标准作为参照标准，对该产品的生态和质量作出评价。这种标准是一种相对性标准。

一、欧盟 OEKO-Tex Standard 100《生态纺织品》标准

（一）适用范围和认证

欧盟 OEKO-Tex Standard 100《生态纺织品》标准，是一种在国际上极具权威性的生态纺织品合格性的评定程序，由国际环保纺织协会的成员机构奥地利纺织研究院和德国海恩斯坦研究院共同制定，国际纺织品生态学研究与检测协会出版。本标准适用于纺织品、皮革制品以及生产各阶段的产品，包括纺织品及非纺织品的附件，但不适用于化学品、助剂和染料。

所有与纺织品的生产和销售有关的厂商，都可以就产品申请 OEKO-Tex Standard 100 标准认证，认证申请需要向国际环保纺织协会成员机构提出。可提交申请的厂商包括纱线、纤维、坯布、服装、辅料及从事印染加工和其他与纺织品有关的企业。

凡具有 OEKO-Tex Standard 100 标准认证的产品，都是经过分布在世界范围内 15 个国家隶属于国际环保纺织协会授权的知名纺织鉴定机构的测试和认证。OEKO-Tex Standard 100 标签是世界范围内的注册标签，受《马德里公约》的保护。该标签证书具有认证机构提供的独一无二的证明，说明该产品认证时，所有均按 OEKO-Tex Standard 100 规定进行测试合格，证书有效期一年，期满必须续证。

（二）术语

1. 有害物质

本标准的所谓有害物质是指存在于纺织品或附件中并超过最大限量，或者在通常或规定的使用条件下会释放并超过最大限量，在通常或规定的使用条件下会对人们产生某种影响，会损害人类健康的物质。

2.OEKO-Tex Standard 100 标志

OEKO-Tex Standard 100 标志表达的内涵是："可信任的纺织品，是按照 OEKO-Tex Standard 100 的标准检测有害物质"，是指已履行完通常或特别条件下的授权手续，在产品中使用本标志已被国际纺织品生态研究与检测协会的认证机构或指定机构授权，为纺织品或附件作标志活动。

（三）有害物质限量

OEKO-Tex Standard 100 标准的推出带有明显的技术和商业特征。第一版标准公布后，又经多次的修改和补充，对产品类别、监控范围、监控标准等进行多次调整和修改。2009 年 1 月，推出了 2009 年版的 OEKO-Tex Standard 100 标准。根据形势发展的需要，这一版本在 2008 年版的基础上增加了总铅含量和总镉含量的考核内容，将 PFOS 和 PFOA 全部列入监控范围。

2012 年版的 OEKO-Tex Standard 100 标准中涉及的有毒有害物质共 20 项。项目包括 pH 值、可萃取重金属、甲醛、消解样品的重金属、氯化苯酚、杀虫剂、邻苯二甲酸酯、化学物残留、有害染料、氯苯和氯化甲苯、多环芳烃、生物活性物质、阻燃整理剂、溶剂残留、表面活性剂残留、挥发性物质、色牢度、异常气味及禁用纤维等。

2013 年版的 OEKO-Tex Standard 100 标准，在 2012 年版的基础上对适用的检测项目、限量值等方面进行了修订和扩充，主要更新了以下内容：第一，增加了对邻苯二甲酸盐 DPP 的管控，儿童产品由 2012 年版的 11 种邻苯二甲酸盐增加到 12 种管控，成人产品则由 8 种增加到 9 种邻苯二甲酸盐管控；第二，增加了富马酸二甲酯 DMF 的要求；第三，增加了纤维制品生产环节中二甲酸甲酰胺 DMF 的限制。

2014 年 1 月颁布、4 月 1 日正式实施的新版的 OEKO-Tex Standard 100 标准，在 2013 年版的基础上，针对适用检测项目、限量值等方面进行了修改补充，又增加了新的内容。第一，是在原有考察项目氯化苯酚中增加了三氯苯酚；原有考察项目“残余表面活性剂”中原有 OP（EO）类物质从 OP（EO）1-2 扩展到 OP（EO）1-20；原有 NP（EO）类物质从 NP（EO）1-9 扩展到 NP（EO）1-20；原有考察项目“PFCs”中增加了 PFUdA、PFDoA、PFTrDA、PFTeDA，并各自提出了限量要求。第二，是对原有考察项目“可萃取的重金属”中镍释放量的适用前提和指标进行了调整，明确指出该指标仅适用于金属附件及经金属处理的表面；对原有考察项目“残余溶剂”中甲基吡咯烷酮的限定增加了一种特定情况，即针对用于 PPE 产品的纺前染色纤维。第三，调整了“残余表面活性剂”的 OP 和 NP 两类考察物质总量及 OP、NP、OP（EO）、NP（EO）四类考察物质总量；调整了“PFCs”的“PFOA”限量要求，以上限量要求更加严格。

目前，被 OEKO-Tex Standard 100 标准列出的受限物质已经超过一百多个，它们不仅涵盖了对人体健康有害或有潜在危害的化学品，而且也包括了某些与预防健康风险有关的物质，如纺织品须进行致癌和致敏染料的检测、禁用偶氮染料和杀虫剂残留的检测等。

二、欧盟 OEKO-Tex Standard 200 标准

欧盟 OEKO-Tex Standard 200 标准是由国际纺织品生态学研究与检测学会为

生态纺织品 OEKO-Tex Standard 100 标准配套而颁布的“授权使用 OEKO-Tex 标志的检测程序”标准，在标准中规定了生态纺织品监控内容的测试程序和方法。标准规定：如果任何一项检测结果超过限定值，则进行中或等待中的检测将被终止或取消，准备检测的样品要按照 ISO 的规定进行调查处理。该文件是一种仅给出了相关项目的检测方法的标准和测试技术指南性的文件，并无实际的可操作性。

2008 年版的欧盟 OEKO-Tex Standard 200 标准的主要内容包括以下十三项：

第一项，pH 值测定（ISO3071，KCl 溶液）。

第二项，甲醛测定：游离和部分释放甲醛的定量测定。

第三项，重金属的测定：人工酸性汗液萃取（ISO 105-E04，溶液 2）、样品的消化、六价铬的测定。

第四项，杀虫剂含量的测定（萃取、净化、气相色谱、MSD 或 ECD 检测器）。

第五项，含氯酚（PCP 和 TeCP）和苯基苯酚（OPP）含量测定（气相色谱、MSD 或 ECD 检测器）。

第六项，邻苯二甲酸酯含量的测定（有机溶剂萃取、净化、气相色谱、MSD 检测）。

第七项，有机锡化合物测定（人工酸性汗液萃取、四乙基硼酸钠衍生化、净化、气相色谱、MSD 检测）。

第八项，PFOS/PFOA 含量的测定（甲醇萃取 LC/MS/MS 分析）。

第九项，危害人类生态安全的着色剂测试：在还原条件下可裂解出第 1 类和第 2 类致癌芳香胺的偶氮着色剂的检测、致癌染料的检测、致敏性分散染料的检测、其他禁用染料的检测。

第十项，氯化苯和氯化甲苯的检测。

第十一项，色牢度检测。

第十二项，挥发物的检测：释放至空气中的甲醛测定、挥发性和有气味化合物挥发的测定。

第十三项，异味测试：纺织铺地织物、床垫、非服用的大型涂层物件的气味测试及其他物件气味测试（霉味、石油馏分气味、鱼腥味、芳香烃气味、主观评价）、石棉纤维的鉴定（显微镜法）。

三、欧盟生态纺织品 Eco-Label

1993 年，欧盟委员会根据欧洲议会第 880/92/EC 法令，颁布了欧盟生态纺织品 Eco-Label《标志认证和合格评定要求》。

欧盟的 Eco-Label 所倡导的是全生态的概念，与 OEKO-Tex Standard 等部分生态概念的标准有很大差异。

首先是标准发布主体和法律效力不同。OEKO-Tex Standard 100 标准由国际纺织品生态研究和检验协会发布，该协会为国际性民间组织，属于商业标准。Eco-Label 标志和标准由欧盟委员会颁布，各成员国应将此作为本国法令，属于政府行为。

其次是考虑的生态要素不同。OEKO-Tex Standard 100 标准为“可信任纺织品”，是按该标准检测有毒有害物质限量的生态纺织品。Eeo-Label 标志为“降低水污染、限制危害性物质、覆盖产品的全部生产链”的评价标准，要求的是某一产品在整个生命周期对生态环境所产生的影响，如对某一服装进行评价，要从纤维种植或生产、纺纱织造、前处理、印染、后整理、成衣制作、穿着使用、废弃处理的整个产品生命周期过程中可能对生态环境、人体健康的危害等进行评价。

从长远来看，Eco-Label 标志认证标准有利于纺织服装业的可持续发展，必将成为市场的主导。同时，该标准是以欧盟委员会法令的形式颁布的，在全欧盟范围内是具有法律效力的强制性标准。

Eco-Label 标志认证标准的主要内容包括以下五个方面：

（一）认证标准的目的与架构

Eco-Label 标志认证标准设立的主要目的，在于促进纺织服装行业在生产的生命周期过程的关键工序和生产过程中减少废水的产生和排放。标准所设置的限量控制水平将有助于使授权使用该标签的产品对生态环境的影响降到较低的水平。

Eco–Label 标志认证标准，对每一项条款都明确地列出了具体的评估和认证要求，并告知要求提供的声明文件、检测报告、证明性文件等须满足该标准申报要求。同时，该标准对某些检测项目也给出了指定的检测方法，但也对有资质的认证机构的其他检测方法并不排斥。

Eco–Label 标志认证标准把纺织服装产品生命周期大致分为纺织纤维标准、纺织加工和化学品标准、性能测试标准三部分。

（二）纺织纤维标准

Eco–Label 标志认证标准包含的纺织纤维包括：腈纶、棉和天然纤维素纤维、种子纤维、聚氨酯弹性纤维、亚麻和其他韧皮纤维、含脂原毛和其他蛋白质纤维、人造纤维素纤维、聚酰胺纤维、聚酯纤维、聚丙烯纤维及没有包含在该标准中的其他纤维。

评估和判断标准时，申请人应提供详细的纺织产品纤维的组成成分和含量信息，并对每一种纺织纤维都能提出明确而具体的考核指标和申请的相关要求及说明。

（三）纺织加工和化学品标准

Eeo–Label 标志认证标准适用于纺织产品生产中的每一个环节，包括纤维生产中的前加工、前处理、印染后整理和复合加工等环节。该标准对可能未涉及的染料或其他化学物质可不作要求。

（四）性能测试标准

执行 Eco–Label 性能测试标准的纺织产品必须在通过上述的标准审核后才有意义。性能测试标准包括一项尺寸稳定性条款、五项色牢度条款、一项标签标志条款。

（五）技术特点

第一，采取自愿申请认证标准的原则，申请者必须提供相关的检测报告作为依据。

第二，该标准本身除关注产品的生态安全性外，更多地须关注在全产业链的生态环境，这样可以有效地控制有毒有害物质的排放和对生态环境的污染。

第三，企业诚信是标准监控体系的重要组成部分，该标准对许多监控项目采用自我检测和自我声明的办法，对企业诚信度提出了更高的要求。

第四，具有相对的灵活性，该标准引用的测试方法不局限于欧盟的标准，凡是被国际上通行和资质被认可的检测标准也被该标准认可。

第五，因为该标准是对产品生命周期进行评估，所以对大部分纺织产品，如服装产品申请 Eco-Label 标准认证，必须提供前面所有工序的有毒有害物质使用和环境排放信息。

四、我国生态纺织品标准体系

2002 年，中国国家市场监督管理总局颁布了国家推荐性标准 GB/T 18885—2002《生态纺织品技术要求》，该标准的产品分类和技术要求参照了欧盟 OEKO-Tex Standard 100 标准 2002 年版的相关内容。

GB/T18885—2002 标准是一项推荐性标准，并不具备法律强制性概念，但对强化我国生态纺织品的发展具有导向作用，为最终确定将生态纺织品的技术要求和关键内容转化为国家强制性标准创造了条件。

2003 年，我国颁布了国家强制性标准 GB 18401—2003《国家纺织产品基本安全技术规范》，该标准的实施对促进我国纺织服装产业的健康发展，冲破纺织服装业在国际贸易中的束缚是十分有利的。

参照 2008 年版 OEKO-Tex Standard 100 标准的思路和技术条件，2009 年 1 月，我国颁布了新的国家标准 GB/T 18885—2009《生态纺织品技术要求》。2011 年 8 月 1 日，我国颁布 GB 18401—2010《国家纺织产品基本安全技术规范》标准，代替 GB 18401—2003。因为该标准是针对境内的纺织产品，对生态技术指标的要求是最基本的安全要求，与生态纺织品 GB/T 18885 的要求仍有较大的距离，可以说这是根据我国纺织服装产业现状制定的基本安全规范，而不是生态纺织品的标准。

（一）GB 18401—2010《国家纺织产品基本安全技术规范》

GB 18401—2010《国家纺织产品基本安全技术规范》是国家质量监督检验检疫总局、国家标准化委员会在 2011 年 1 月 14 日发布，2011 年 8 月 1 日正式实施的国家强制标准。本标准仅规定了纺织产品的基本安全技术要求、试验方法、检测规则及实施与监督。纺织产品其他要求按有关的标准执行。该标准适用于在我国境内生产及销售的服用、装饰用和家用纺织产品，出口产品可依据合同的约定执行。该标准的产品分类与 GB/T 18885—2009 相同，按产品最终用途的基本安全技术要求，根据指标要求程度分为 A 类、B 类、C 类（表 4–2–1、表 4–2–2）。

表 4–2–1　纺织产品分类

类型	典型示例
A 类：婴幼儿纺织产品	尿布、内衣、围嘴、睡衣、手套、袜子、外衣、帽子、床上用品
B 类：直接接触皮肤纺织产品	内衣、衬衣、裤子、袜子、床单、被套、泳衣、帽子
C 类：非直接接触皮肤纺织产品	外衣、裙子、裤子、大衣、窗帘、床罩

表 4–2–2　纺织产品基本安全技术指标

项目	A 类	B 类	C 类
甲醛含量 /（mg/kg）≤	20	75	300
pH 值	4.0～7.5	4.0～8.5	4.0～9.0

续表

项目	A 类	B 类	C 类
色牢度 / 级 ≥ 耐水	3～4	3	4
耐酸汗渍	3～4	3	3
耐碱汗渍	3～4	3	3
耐干摩擦	4	3	3
耐唾液	4	—	—
异味	无	无	无
可分解致癌芳香胺染料 / （mg/kg）	禁用	禁用	禁用

GB 18401—2010《国家纺织产品基本安全技术规范》同时规定，婴幼儿纺织产品必须在使用说明上标明婴幼儿用品字样，其他产品应在使用说明上标明所符合的基本安全技术要求类别（如 A 类、B 类、C 类），产品应按件标注一种类别。该标准 A 类一般适用于身高 100cm 及以下婴幼儿使用，可作为婴幼儿纺织产品。

标准同时规定了法律责任，对违反本标准的行为，依据《中华人民共和国标准化法》《中华人民共和国产品质量法》等有关法律法规的规定进行处罚。

（二）GB/T 18885—2009《生态纺织品技术要求》

GB/T 18885—2009《生态纺织品技术要求》是中国国家质量监督检验检疫总局、国家标准化管理委员会在 2009 年 6 月 11 日发布、2010 年 1 月 1 日正式实施的国家标准，本标准代替 GB/T 18885—2002《生态纺织品技术要求》。

GB/T 18885—2009《生态纺织品技术要求》的产品分类和要求采用国际纺织品生态研究与检测协会 OEKO-Tex Standard 100《生态纺织品》标准 2008 年版要求，内容包括：对生态纺织品进行了分类，规定了各项指标限量值和检测方法。

1. 适用范围

GB/T 18885—2009《生态纺织品技术要求》规定了生态纺织品的分类、要求和检测方法，适用于各类纺织品及其附件，皮革制品可参照执行，但不适用于化学品、助剂和染料。

2. 术语和定义

生态纺织品（Ecological Textiles）是指采用对环境无害或少害的原料和生产过程所生产的对人体健康无害的纺织品。

3. 技术要求

对各种有害物质清单以规范附录的方式构成标准的一部分。具体检测的有毒有害物质 15 项，包括 pH 值、甲醛、可萃取的重金属、苯酚化合物、杀虫剂、氯苯和氯化甲苯、邻苯二甲酸酯、有害染料、抗菌整理剂、阻燃整理剂、挥发性物质、色牢度、异常气味和禁用纤维等。

（三）GB/T 22282—2008《纺织纤维中有毒有害物质的限量》

GB/T 22282—2008《纺织纤维中有毒有害物质的限量》是由国家纺织制品质量监督检验中心起草，2009 年颁布实施的国家标准。

该标准参照了欧盟 2002/371/EC《纺织品生态标签规范》指令中的相关条款，以达到在原料加工、纺织、印染、服装成品加工等生产过程中减少有毒有害物质的产生和排放的目的。

该标准适用的纤维有：聚酯纤维、聚丙烯腈纤维、聚丙烯纤维、聚氨酯纤维、人造纤维素纤维、棉和其他天然纤维素纤维、含脂原毛和其他蛋白质纤维等。

（四）HJ/T 307—2006《环境标志产品技术要求（生态纺织品）》

HJ/T 307—2006《环境标志产品技术要求（生态纺织品）》，是中国国家环保总局于 2006 年 11 月 15 日发布的行业技术标准。

该标准参照了 2006 年版的 OEKO-Tex Standard 100 标准，技术要求和限量值几乎与其相同，但在检测方法上并不完全匹配。

该标准的适用范围包括除经防蛀整理的毛及混纺织品外的所有纺织品的表述范围，与欧盟和我国 GB/T 18885—2009《生态纺织品技术要求》的术语和定义并不相同。但该标准作为中国唯一环境标志产品的生态纺织品认证技术要求，在程序上规定可以通过文件审查结合现场检查的方式来对无检测方法的项目进行验证。

（五）GB/T 24000《环境管理体系》

国际标准化组织（ISO）在 1993 年颁布了 ISO 14000《环境管理体系》标准。我国于 1996 年引入 ISO 14000 标准试点，并于 1997 年宣布采用 ISO 14000 标准，同时颁布等效国家标准 GB/T 24001《环境管理体系》,2004 年颁布 GB/T 24004《环境管理体系》修订版。

GB/T 24000《环境管理体系》包括：环境管理体系、环境标志、清洁化生产、生命周期分析等国际环境管理的关键领域。

企业通过了环境管理体系标准，就获得了市场“绿色通行证”，该标准是企业认证的主要标准，对促进世贸发展有重要意义。

五、OEKO-Tex Standard 100 标准与 GB/T 18885—2009 标准的差异

OEKO-Tex Standard100 标准是国际公认、权威的生态纺织品自愿认证标准。GB/T 18885—2009 标准是我国参照 2008 年版的 OEKO-Tex Standard 100 标准修订而成，是我国重要的生态纺织品标准的代表。对两者内容的差异分析，将有助于了解我国生态纺织品标准与国际先进标准的差距。

（一）标准更新快

我国 GB/T 18885 标准共有两个版本，2002 年版和 2009 年版，分别是参照 2002 年版和 2008 年版的 OEKO-Tex Standard 100 标准的相关内容制订的。

OEKO-Tex Standard100 标准委员会，自 1992 年起每年将根据市场、法规和最新的研究成果等对标准进行修订。目前，OEKO-Tex Standard 100 最新版为 2015 年版，新版标准于 2015 年 1 月颁布，经 3 个月试用期，4 月 1 日正式实施。

（二）产品分类和技术要求

在产品分类上，GB/T 18885—2009 标准与 OEKO-Tex Standard 100 标准保持一致，把生态纺织服装产品分为四类进行管控。

在技术要求上，OEKO-Tex Standard 100 标准比 GB/T 18885—2009 标准管控项目更全面；在测试方法上，与 OEKO-Tex Standard 100 标准相比较，GB/T 18885—2009 标准采用的是 GB 标准，并根据国内法规标准制定检测要求。

（三）两个标准的具体比较

GB/T 18885—2009 标准与 2013 年版的 OEKO-Tex Standard 100 标准相比，在限量值的要求和有毒有害物质的限定项目上已有很大差异。例如，在甲醛含量上的差异，国家标准中规定婴幼儿产品中的限量值为＜ 20mg/kg，而 OEKO-Tex Standard 100 标准中限量值为≤ 16mg/kg；在 GB/T 18885—2009 管控项目“邻苯二甲酸酯”中，目标缺少对 DIDP、DBP、DIHP、DHNUP、DHP、DMEP、DPP 的考核；在国标中缺少对被消解样品中重金属 Pb（铅）、Cd（镉）的考核；在“其他残余化合物”项中，国标缺少对 OPP、芳香胺、SCCP、TCEP、DMFu 的考核；在“有机锡化合物”项目中缺少对 DOT 的考核；在“阻燃整理剂”中，缺少对 Deca-BDE、HBCDD、SCCP、TCEP 的考核；同时还缺少对被消解样品中重金属、PFOS、PFOA、TCEP、PAH、溶剂残留、表面活性剂残留、多环芳烃、PFCs 全氟化合物的考核要求（表 4-2-3）。

表 4-2-3　国内外生态纺织品标准比较表

检测项目	GB/T 18885—2009 标准	OEKO-Tex Standard 100 标准（2013 版）
甲醛	婴幼儿用品≤ 20mg/kg	婴幼儿用品≤ 16mg/kg
邻苯二甲酸酯	邻苯二甲酸异壬酯（DINP）、邻苯二甲酸二辛酯（DNOP）、邻苯二甲酸二（2 —乙基）己酯（DEHP）、邻苯二甲酸二异癸酯（DIDP）、邻苯二甲酸丁酯苯甲酯（BBP）、邻苯二甲酸二丁酯（DBP）	DINP、DNOP、DEHP、DIDP、BBP、DBP、邻苯二甲酸二异丁酯（DIBP）、邻苯二甲酸二 C6-8 支链烷基酯（DIHP）、邻苯二甲酸—二（C7-11 支链）烷酯（DHNUP）、邻苯二甲酸二己酯（DHP）、邻苯二甲酸二甲氧基乙酯（DMEP）、DPP
有机锡化合物	三丁基锡（TBT）、三苯基锡（TPHT）、二丁基锡（DBT）	TBT、TPHT、DBT、二辛基锡（DOT）

续表

检测项目	GB/T 18885—2009 标准	OEKO-Tex Standard 100 标准（2013 版）
阻燃整理剂	多溴联苯（PBB）、三（2.3 —二溴丙基）磷酸酯（TRIS）、三吖啶基氧化磷（TEPA）、五溴二苯醚（Penta-BDE）、八溴二苯醚（Octa-BDE）	PBB、TRIS、TEPA、Penta-BDE、Octa-BDE、十溴二苯醚（Deca-BDE）、六溴环十二烷（HBCDD）、短链氯化石蜡（SCCP）、磷酸三（2 —氯乙基）酯（TCEP）
被消解样品中重金属	无	铅（Pb）、镉（Cd）
溶剂残留	无	1 —甲基 -2 —吡咯烷酮（NMP）、N，N- 二甲基乙酰胺（DMAC）、DMF
表面活性剂、湿润剂残留	无	辛基苯酚（OP）、壬基苯酚（NP）、辛基酚乙氧基化物［OP（EO）$_{1-20}$］、壬基酚乙氧基化物［NP（E0）$_{1-20}$］
其他	无	其他残余化学物检测项 多环芳烃检测项 PFC's 全氟化合物检测项

（四）OEKO-Tex Standard 100 设定最新标准

OEKO-Tex 国际环保纺织协会在 2014 年更新了 OEKO-Tex Standard100 标准检测标准和限量值，新版中设定了最新标准。

1. 全氟辛酸

对全氟辛酸（PFOA）的监管更严格，其中：第一级为：0.05mg/kg（2013 年版为 0.1mg/kg）；第二级为：0.1mg/kg（2013 年版为 0.25mg/kg）；第三级为：0.1mg/kg（2013 年版为 0.25mg/kg）；第四级为：0.5mg/kg（2013 年版为 1.0mg/kg）。同时，四种长链全氟化合物被列入新的考核项目，限量值与全氟辛酸相同。

2. 壬基酚、辛基酚、壬基酚聚氧乙烯醚等

对壬基酚、辛基酚、壬基酚聚氧乙烯醚等在所有级别产品中的要求更为严格，其中：壬基酚（NP）与辛基酚（OP）总计＜ 10mg/kg（2013 年版限量值为 50mg/kg）；壬基酚（NP）、壬基酚聚氧乙烯醚 [NP（EO）1-20]、辛基酚（OP）、辛基酚聚氧

乙烯醚 [OP（EO）1-20] 总量要求小于 250.0mg/kg（2013 年版为 500mg/kg）。

3. 三氯苯酚

作为对五氯苯酚（PCP）和四氯苯酚（TeCP）的扩充，新增对三氯苯酚的考查。

4. 地乐酯

地乐酯将被列入禁用杀虫剂清单。

5. 多环芳烃化合物、增塑剂、残留溶剂

对多环芳烃化合物、增塑剂、残留溶剂等也作出与 2013 年不同的规定。

（五）2015 年版 OEKO-Tex Standard 100 标准解读

与 2014 年版相比，2015 年版 OEKO-Tex Standard 100 的新标准具有多项变化。

第一，壬基酚（NP）、辛基酚（OP）、壬基酚聚氧乙烯醚 [NP（EO）1–20] 和辛基酚聚氧乙烯醚 [OP（EO）1–20] 总和的限量值。壬基酚（NP）、辛基酚（OP）、壬基酚聚氧乙烯醚 [NP（EO）1–20] 和辛基酚聚氧乙烯醚 [OP（EO）1–20] 总和的限量值将显著降低，针对全部四个产品级别，限值的上限由 2014 年版标准中的 250mg/kg 降至 100mg/kg。

OEKO-Tex 正积极推进在纺织生产过程中完全消除壬基酚（NP）、辛基酚（OP）以及烷基酚聚氧乙烯醚（APEOs）的使用，以实现全球纺织产业共同的环保目标。

第二，全氟辛酸（PFOA）。全氟辛酸的限量变化，由 mg/kg 转变为 μg/m²。针对四个产品级别，限量条件统一降至＜ 1.0μg/m²。在 2014 年版标准中，第一级别的限量值为 0.05mg/kg，第二级别和第三级别的限量值为 0.1mg/kg，第四级别的限量值为 0.5mg/kg。

由于标准中限制的不仅是全氟辛酸本身，还包含了全氟辛酸的各种盐和酯，因此，在 OEKO-Tex Standard 100 标准的有害物质列表中，并不是单纯地记录全氟辛酸的 CAS 编号，而是将所有相关物质都包含在内。此外，针对全氟辛烷磺酰基化合物（PFOS）的限制，由 ≤1.0μg/m² 降为＜ 1.0μg/m²。

第三，阻燃产品。为了更加明确，原来列在 OEKO-Tex Standard 100 标准限量值表中的各种禁用阻燃产品将被列于有害物质列表中。同时，该表新增了九种禁用的阻燃产品。这些措施确保 OEKO-Tex Standard 100 标准涵盖 SVHC 高度关注物质清单中所列的物质。

第四，镉含量的限量值。针对所有产品级别，被消解样品中的镉含量的限量值降为 40mg/kg（之前的限量值为第一级别：50mg/kg；第二到第四级别：100mg/kg）。

第五，甲酰胺。甲酰胺作为一种新的检测物质被列入“残余溶剂”一栏，适用于考察压缩泡棉和发泡塑胶，如 EVA 和 PVC 等。四个产品级别的限量值均为 0.02%（=200mg/kg）。新增甲酰胺是因为 SVHC 高度关注物质清单中包含该物质，同时也考虑到法国针对特定材料或物品有相关的法律规定。

第六，芳香胺。“其他残余化学物”一栏中关于芳香胺的脚注更改为“适用于所有含有聚氨酯的材料或其他可能含有游离致癌芳香胺的材料”，这里特别提到了游离致癌芳香胺，这样标注更加清晰。认证的产品不能包含有害物质列表中所列的游离致癌芳香胺。

第七，邻苯二甲酸二己酯。支链和直链（CAS 编号 68515-50-4）和二异己酯（CAS 编号 71850-09-4）被纳入考察项邻苯二甲酸二己酯中，四个产品级别均包含在内。这是因为考虑到邻苯二甲酸二己酯、支链和直链（CAS 编号 68515-50-4）属于 SVHC 高度关注物质。

第八，C.I. 颜料红 104（钼铬红）和 C.I. 颜料黄 34（铬黄）。C.I. 颜料红 104（钼铬红）和 C.I. 颜料黄 34（铬黄）被列入有害物质列表禁用致癌染料清单。这两种染料在多年以前就已经属于 OEKO-Tex Standard 100 标准的检测项目并被严格禁用，由于 REACH 法规 SVHC 高度关注物质清单中新增此染料，所以新标准将该染料更加清楚地列入有害物质列表中。

通过上面分析可以看出，由于我国生态纺织品标准 GB/T 18885—2009《生态纺织品技术要求》是参照欧盟 2008 年版的 OEKO-Tex Standard 100《生态纺织品》

标准制定的，而欧盟标准每年都将根据发展需要和检测手段的提高，增加新的管控项目和提高限量指标。由于产业发展水平和检测技术受限，我国在标准完善和产业法规配套等领域与世界先进国家还存在较大差距，每一次新增的监控内容和范围对我国纺织服装业产品的出口都产生了很大的冲击和制约，加快标准和法规的国际化是纺织服装产业的重要任务。

第三节 生态纺织服装绿色设计评价

一、绿色设计评价的概念

产品绿色设计开发的整体表现，可以按其对生态环境所造成的影响来进行评价，这就需要构建一个科学、合理的绿色指标评价体系。

绿色设计指标体系确定后，将有助于产品设计方案的确定、设计环节的协调和对产品进行诊断和改进设计。同时，绿色评价指标也是指导消费、采购、投资等行为的重要指标之一。

绿色设计将按照明确的设计目标对产品进行评价，评价的最终目的是将其作为生态纺织服装绿色设计决策和绿色生态标志产品申请的科学依据，或为客户要求的产品生态标准提供依据。另外，设立科学的生态纺织服装绿色生态评价指标，对于国家的宏观管理、企业经营、对外贸易监管等方面也能够提供一定的标准和规范。根据生态纺织服装不同的评价范围和评价要求，可以从三个方面定义生态纺织服装绿色设计的生态评价内涵。

（一）宏观评价

生态纺织服装产品的宏观评价是对产品的整体性作综合性评价的过程或活动，包括对产品的实用功能、审美功能和产品整个生命周期中生态性能的评价。

（二）生态性微观评价

产品的生态性微观评价是指对产品生命周期的各环节中影响生态纺织服装生态性的环境因素，按各环节为单元进行分析、评价、比较的过程或活动。

（三）综合性评价

生态纺织服装产品的综合性评价是对产品宏观评价和微观评价的综合，也是对产品在相关政策法规、标准、性能、生态环保等方面进行综合性评价的过程或行动。

标准是判定生态纺织服装质量和生态性的依据，也是产品进入国内外市场的必备条件，产品评价所依据的标准水平决定了产品在市场的竞争能力。

这些标准和法规是国内和国际上生态纺织服装绿色设计生态评价的核心标准和依据，也是产品取得生态绿色标志认证必须达到的标准水平。

二、绿色设计评价指标的选择原则和分类

（一）选择原则

生态纺织服装绿色设计评价指标体系的选择必须遵循科学性、实用性、完整性、可操作性的原则。评价指标应能系统地把产品的性能指标和生态环境指标准确地反映出来，具体要求表现为以下四个方面：

1. 综合性

由于产品的性能是一个整体，绿色设计的综合评价是指产品生命周期的绿色性，应从功能、生态、技术、经济四个方面进行综合性评价，力求能综合、完整地表达出产品的绿色性。

2. 实用性

生态纺织服装的绿色设计是把设计创意转化为产品的过程。因此，绿色设计的评价指标应能客观地反映出产品的质量指标、组成产品单元的性能指标和生态指标，以有利于对设计构成的基本单元进行诊断和改进。

3. 科学性

绿色设计评价指标应客观、准确、真实地反映出被评价对象的绿色属性，要从绿色设计对象的市场定位寻求相对应的标准和方法并给出科学的评价。

4. 可操作性

绿色评价是指导生态纺织服装绿色设计的工具之一，因此评价指标应有明确的目的性和可操作性。

绿色设计评价指标受到市场和消费需求的制约，产品设计的要求也随着科学技术的发展和生态理念的变化而不断发展，所以在评价中应考虑动态和静态指标相结合、定量和定性指标相结合，以适应绿色评价指标的可操作性。

（二）分类

生态纺织服装的绿色设计评价指标体系除包含传统纺织服装设计的评价指标以外，还必须满足生态环境属性的要求，包括环境指标、资源属性指标、能源指标、经济性指标、环境化设计指标和可持续发展指标六个方面（图 4–3–1）。

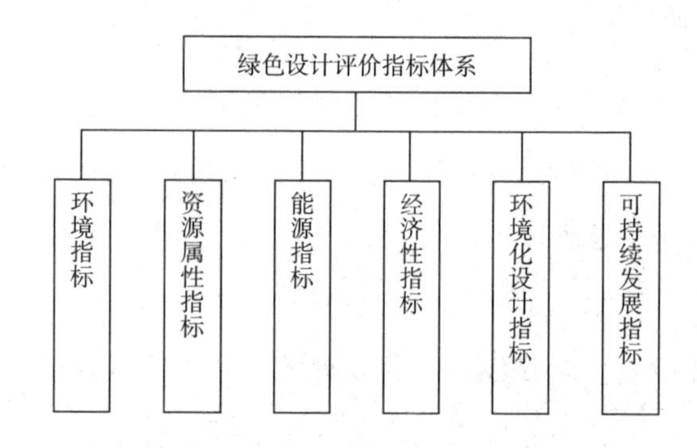

图 4–3–1　绿色设计评价指标体系

1. 环境指标

环境指标是指在产品整个生命周期中与环境有关的指标，主要包括对环境的污染和破坏两个方面，可用各种有毒有害物质排放量和比值表示，如图 4–3–2 所示，为绿色产品环境评价指标图。

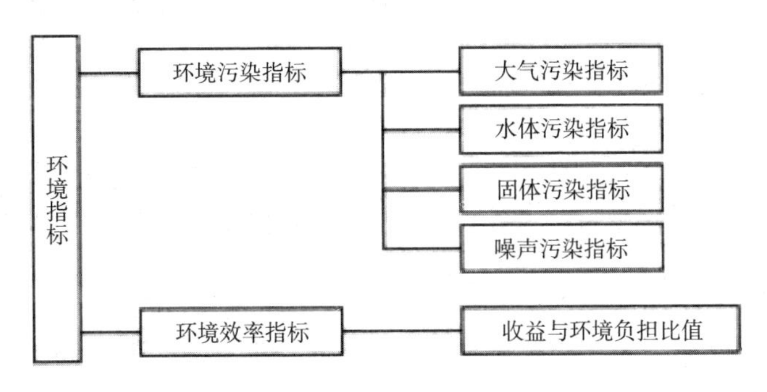

图 4–3–2　环境指标

2. 资源属性指标

资源属性指标是产品生产所需的最基本条件，包括生态纺织品产品生命周期中使用的原辅料、配件、设备、信息、人力资源等的消耗和利用率等。

3. 能源指标

绿色设计评价的能源指标，包括能源类型、再生能源使用比例、能耗、回收处理能耗、生命周期能耗、能效指数等指标。

4. 经济性指标

经济性指标包括产品污染的设计费用、生产成本、使用费用、产品废弃回收费用等经济性指标。

5. 环境化设计指标

环境化设计指标主要是考察每一种产品所产生的利与弊的比值，常用经济—环境效率指数、产品综合价值指标、环境效率指数等进行综合评定。

6. 可持续发展指标

可持续发展指标是指企业根据产业发展需求制订企业绿色生态发展规划和具体实施计划目标，使企业的整体生态化和产品标准化有明确的发展计划和指标，指导企业生态化的可持续发展。

三、绿色设计评价的评价过程

生态纺织服装的绿色设计评价，一般需要经过对政策法规和市场需求进行要求分析、环境影响因素识别、绿色设计的评估和修正、环境信息共享等评价过程。

（一）分析政策法规和市场需求的要求

应对绿色设计产品所规定的政策、法规、标准等进行研究，同时要根据产品的目标市场要求来确定绿色设计评价方案，包括以下五个方面的内容：

第一，对生态纺织服装产品的政策、法规的要求。

第二，对生态纺织服装产品的质量标准、生态标准、技术标准、环境认证标准等的要求。

第三，市场消费者的需求和要求、市场区域的政策法规和准入条件。

第四，生态环境参数和竞争性产品分析。

第五，社会效益分析。

（二）识别环境影响因素

识别环境影响因素程序的制定，包括以下两个步骤：

第一，对生态纺织服装产品生命周期中的各个环节所造成的环境影响因素进行分析，科学、合理地平衡功能、质量、生态、环保、技术、经济等要求。

第二，确定重点环境影响因素，根据生态纺织服装产品的不同特点和政策法规及市场准入要求，确定对环境具有重要影响的因素。

（三）评估和修正绿色设计

无论是国内或国际上，在有关生态纺织服装的政策法规和标准中，都规定了某些环境指标的限值，由标准中的所有指标和指标限值来构成生态纺织服装的绿色设计评价指标体系。

（四）共享环境信息

在生态纺织服装绿色设计中，是以产品生命周期来进行绿色评价的，对于服装产品生命周期的前段环节的信息，如纺织材料的获取、印染、后整理等工序以及废弃物处理等环节的环境和技术信息明显不足。因此，加强在产品整个生命周期中各环节环境影响的信息交流和信息共享是十分必要的。

四、绿色设计评价的模式分析

生态纺织服装绿色设计评价的模式可以分为：企业自身评价、产品采购方评价、第三方评价三种模式。评价的对象，可以是产品设计方案、企业提供的样品、产品或产品的生产企业。

（一）企业自身评价

企业自身评价是以企业为评价的主体，根据评价的需要选择设计方案、样品、产品为评价对象，由企业自行评价。

评价的结果可以作为绿色设计方案的优化、产品的改进、出具产品声明的依据。企业自身评价的方法和过程如下：

1. 组成绿色设计评价小组

根据产品特点和设计目标要求，建立由服装设计师、纺织材料技术人员、加工生产工程师、环境科学人员、市场专业人员、技术经济专业人员以及知识产权法规专业人员等组成的绿色设计评价小组，研究确定评价方案，指导和实施企业自身评价工作。

2. 评价产品

对待评价产品，确定产品标准的限量值和显著生态环境影响因素。

3. 检测产品标准的限值要求

按产品对产品标准的限值要求进行具体检测，同时也对显著环境影响因素进行检测。这种检测可以是依靠企业本身的科技力量进行，也可委托第三方进行，对产品生命周期中其他环节的环境数据也可由有关方提供。无论是企业自我检测或请第三方检测及相关方提供的检测数据，均应确保检测数据的准确性和可信性。

4. 得出绿色设计评价结论

绿色设计根据检测的数据与所设定的限量值及显著环境影响因素进行比较分析，得出绿色设计的评价结论。

5. 评价结论的应用

若评价结果与绿色设计存在差距，应找出原因改进设计或作为产品投产的决策参考；若产品符合绿色设计标准，评价结果可作为企业自我声明、申请环境标志认证等使用。

（二）产品采购方评价

产品采购方评价是以产品采购方为评价的主体，评价的对象是产品供应方的产品样品、产品或产品生产企业，评价的结果作为判断采购方购买产品的一个重要依据。产品采购方评价的方法和过程可体现为以下几点：

第一，组成由相关专业技术人员组成的绿色产品评价小组，对企业提供的绿色设计方案、样品、产品或其他相关资料进行评价。

第二，设定产品标准的限值和显著环境影响因素限值。

第三，产品标准限值和显著环境影响因素限值检测，检测工作可由采购方自行检测或委托有资质的第三方进行检测，无论是自检或第三方检测均应保证检测数据的准确可信。

第四，根据限值与检测结果进行比较，得到评价结论，该结论可作为采购决策参考。

（三）第三方评价

第三方评价是以具有法律效力或公认的权威认证机构为评价主体，评价对象是产品或生产产品的企业，评价的结果可以作为企业出具的产品自我声明、环境认证的申请评估或授权的依据。

与企业自身评价和产品采购方评价相比，第三方评价具有客观的公正性和公信力，特别在大宗商业贸易和国际贸易中尤为重要，第三方评价的方法和过程可参考以下五方面内容：

1. 第三方评价机构的选择

为了提高产品的市场竞争能力、获取买家的信任，企业都在积极争取获得产品的绿色认证，但是目前世界上的生态纺织品认证机构繁多、认证体系复杂，所制定的标准和规则及产品门类存在很大差异，所以第三方评价机构的选择对于评价结果来说有极大的影响。在生态纺织品检测方面，Intertek 可被看作是全球最大、最权威的机构，有遍布全球的实验室和客户服务网络。Intertek 产品认证体系不仅兼顾了各个国家生态纺织品的法律法规要求和各买家对产品生态性能的要求，同时更全面地考虑到生产企业的实际需要。

2. 第三方评价的程序

第三方评价程序包括：申请方和评价方以合同的形式确定评价的目标、评价内容、范围、样品、型式试验样品、时间、费用、相关资料等内容。

3. 第三方评价的实施

参照企业自身评价模式进行评价实施，若产品拟申请环境标志，则需进一步增加对初始工厂审查、企业质量保证能力审查、产品一致性审查等相关内容。

4. 评价结果的应用

（1）评价结果合格，由权威的认证评价机构对符合要求的申请方及其产品签发绿色设计评价证书，并向申请方发放《绿色设计评价结果通知书》。

（2）通过绿色设计评价的企业与评价机构签订《绿色设计评价证书和标志使用协议书》。

5. 监督和管理

评价机构在企业获证后，应按相关规定对获证企业和产品进行监督和管理。

五、绿色设计评价工具

近年来，随着绿色设计技术的发展，各国研究机构相继开发出一系列绿色设计评价工具，主要分为以下几种：生命周期评价（LCA）工具、环境质量功能展开（QFDE）、绿色设计基准工具、检查表等设计评价工具，如表 4-3-1 所示，表示绿色评价工具与绿色设计各阶段的关系。

表 4-3-1　绿色设计过程各种工具概况

工具	产品策划		产品设计			利益信息共享
	要求分析	产品战略	概念设计	详细设计	设计评议和评价	
环境质量功能展开（QFDE）	√	√	√	—	—	—
绿色设计基准工具	√	√	—	—	√	√
检查表	√	√	√	√	√	√
生命周期评价工具（LCA）	—	√	—	—	√	—
设计支持工具	—	√	√	√	√	—

（一）环境质量功能展开

环境质量功能展开（Quality Function Deployment Environment，QFDE）是将质量功能展开与产品生命周期设计相结合，将消费者的需求利用质量功能展开，并在产品生命周期各环节中分别转换为产品特性，在满足消费需求下，同时符合产品生态环境设计的要求，进而提升产品的市场竞争力。

环境质量功能展开是以矩阵结构将客户要求转换为产品技术特性，以决定设计重点。在使用环境质量功能展开时，利用符号或数字代表各项关系的强弱或大小，进一步比较产品技术特性的重要程度，判断关键质量特性，以便进行资源分配。

1. 质量屋

如图 4-3-3 所示，产品设计的质量由质量指标（Quality Indicator，QI）进行度量，指标由质量屋获得。

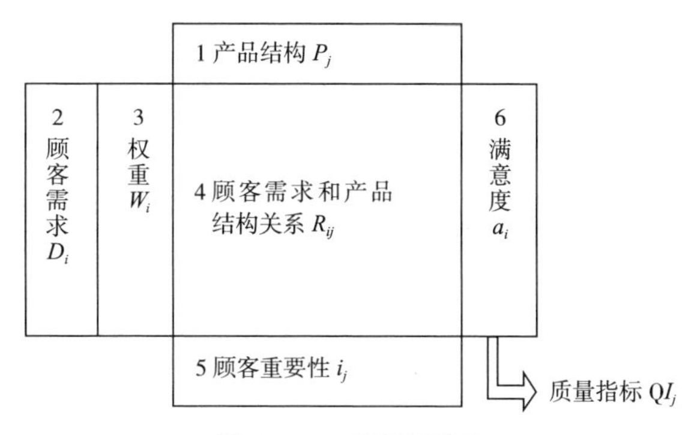

图 4–3–3 质量屋结构

质量指标计算公式如下：$QI_j=\sum W_i a_i$

其中：

房间 1：产品结构 P_j；

房间 2：顾客需求 D_i；

房间 3：顾客需求权重 W_i；

房间 4：顾客需求和产品结构关系 R_{ij}，R_{ij} 取值范围 0—5；

房间 5：顾客重要性 $i_j=\sum_i\sum_j W_i R_{ij} a_i$；

房间 6：用户满意度 a_i，a_i 在 1—10 取值。

2. 成本

如图 4–3–4 所示，产品成本概念在成本屋中进行分析。

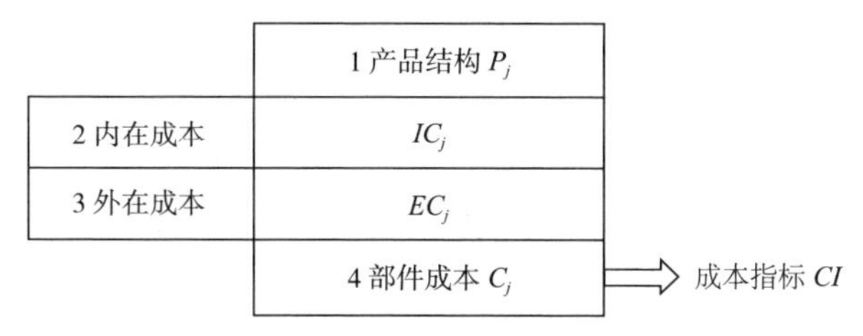

图 4–3–4 成本屋结构

其中：

房间 1：产品生命周期结构；

房间 2：产品生命周期各环节内在成本（Internal Cost，IC）；

房间 3：产品生命周期各环节外在成本（External Cost，EC）；

房间 4：成本指标（Cost Indicator，CI）为产品的部件成本。

3. 绿色屋

如图 4–3–5 所示，利用生命周期评价（LCA）方法评价概念产品生态环境性能的绿色屋结构图。

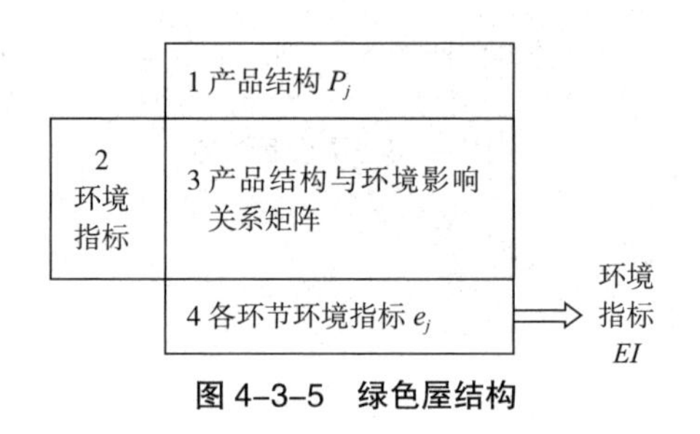

图 4–3–5　绿色屋结构

其中：

房间 1：生命周期不同环节的产品结构；

房间 2：环境影响因素（身体健康、生态系统质量、资源损耗）；

房间 3：产品结构与环境影响关系矩阵；

房间 4：各环节环境指标（e）。各环节的环境指标之和为产品的环境指标（EI）。

4. 最佳概念产品

根据已计算出的产品质量指标 QI、环境指标 EI、成本指标 CI，选择同时满足三种指标的最佳产品概念，如图 4–3–6 所示，产品概念比较结构。

	质量指标 QI	成本指标 CI	环境指标 EI
产品概念 1	QI_1	CI_1	EI_1
产品概念 2	QI_2	CI_2	EI_2
产品概念 i	QI_i	CI_i	EI_i

图 4–3–6　比较屋结构

（二）绿色设计基准工具

绿色设计基准工具是用于对产品和竞争者的类似产品或者工业平均水平产品的环境属性进行比较分析的工具。

绿色设计基准工具可以利用在绿色设计过程的每个阶段，从产品策划、标准法规分析、设计环节的环境影响、设计方案改进等。绿色设计评价基准结果一般用图、表或雷达图表示。

（三）检查表法

检查表法是绿色设计和绿色评价中常用的一种快速、简单的方法，对于生态纺织服装绿色概念设计和评价具有重要意义。

检查表法是按产品生命周期，从原料获取、生产加工工艺、包装运输、消费使用、废弃回收、管理制度等方面分别制订检查表格，把必需的检查内容与待查产品的绿色设计要求进行比较，找到差距并提出改进措施，以表格形式分类表示。

检查表包括以下六项内容：

第一，原料获取环节包括原料识别、原料用量、原料来源、原料回收性、原料生态安全性等（表 4-3-2）。

表 4-3-2　服装材料调查表

检查项目	生态环保问题	绿色设计考虑措施
纤维的种类	纤维的材料是否容易识别	应清楚标明材料成分与百分比
材料的质量和生态指标检测	质量和生态指标是否符合目标市场相关法规和标准	选择通过法定机构检测合格产品
农药化肥使用	农药化肥残留对环境和人体危害	选择有机种植材料产品
纺纱织造污染	噪声、粉尘、污水排放、废气排放、化学助剂等对生态环境的污染	采用节能减排措施，减少污染
染料和化学助剂使用	排放致癌致敏污水，破坏生态污染环境	禁用致癌致敏和可分解芳香胺染料，采用新工艺，少用化学助剂

续表

检查项目	生态环保问题	绿色设计考虑措施
资源和能源消耗	材料生产过程对资源和能源的消耗是否合理	节约资源，增加可再生和重复利用的资源，开发利用新资源新能源
材料的来源	是否使用了稀缺资源	以易得材料代替稀缺资源
材料使用和废弃后的回收性	材料使用和废弃后是否有回收性	使用可回收和重复利用材料
材料的安全性	材料是否存在生态安全性和机械安全性问题	有害物质控制，配件安全性设计检查控制
材料的性价比	质量、生态、价格比是否合理	选择性价比优的材料使用

第二，生产加工工艺环节包括生态安全性、对环境污染程度、能耗等（表4–3–3）。

表 4–3–3　服装加工生产调查表

检查项目	生态环保问题	绿色设计考虑措施
加工过程是否增加了有害物质	是否采用生态环保工艺流程	采用清洁化生产工艺
面料和辅料消耗	节约资源、减少浪费	合理地规划结构设计
加工过程是否有环保控制机制	噪声、污染、排放控制	开发新工艺方法
边角料合理利用和回收方案	减少排放、合理利用资源	制定环保利用和回收方案
能源消耗	高能耗、高污染、高排放	新能源利用，节能减排措施
服装配件的生态和机械安全性	纽扣、拉链、绳索等生态和机械安全风险	按标准制定设计方案
加工过程是否采用环保工艺流程	工艺的合理性	设计合理工艺流程，控制关键环节

第三，包装运输环节包括减量化设计、回收设计、再利用设计等。

第四，消费使用环节包括对环境的污染、延长使用寿命、正确使用方法（表4–3–4）。

表 4–3–4　产品消费使用调查表

检查项目	生态环保问题	绿色设计考虑措施
产品标志	产品商品标志和环境标志识别	经法定机构检验授权
消费保养条件	消费者绿色消费正确引导	制定绿色消费和保养说明
消费服务	运输、库存、动力等消费过程资 源和能源消耗	制定节约资源和能耗措施
包装	产品和环境污染	使用绿色包装材料和绿色设计
回收信息	是否向消费者提供回收处理和回收再生信息	设计清楚的操作说明书
服装可搭配性	扩展产品功能性，节约资源	提高服装功能性设计水平

第五，废弃及回收环节包括废弃物的污染、材料再利用、能源资源回收、回收系统（表 4–3–5）。

第六，管理制度环节包括组织内管理制度、绿色供应链等。

表 4–3–5　产品废弃物回收处理调查表

检查项目	生态环保问题	绿色设计考虑措施
产品废弃后产生的污染	废弃物对生态和环境污染问题	判断污染程度，提出解决方案
回收再生过程是否使用有害物质或原料	处理过程产生的二次污染	使用清洁化处理方案
废弃物再利用	再利用方对环境影响程度	制定废弃物再生或重复利用方案
废弃物回收	检查是否污染或释放有害物质	有组织地回收处理
材料的分离处理	可回收和不可回收的分离难度	应用单一可回收包装材料
废弃物能否制成新产品	制成新产品的环境影响因素	按环保要求重新设计成新产品

第五章　我国生态纺织服装绿色设计研究

随着时代的快速发展，绿色设计理念也应与时俱进，面对生态纺织服装产业的竞争压力，我国应积极探讨绿色设计发展路径，加强在纺织服装设计的创新。本章为我国生态纺织服装绿色设计研究，分为三部分内容，依次是我国生态纺织服装绿色设计概述、我国生态纺织服装绿色设计路径、我国服装绿色设计的应用案例。

第一节　我国生态纺织服装绿色设计概述

一、我国生态纺织服装绿色设计发展现状

近几年来，根据世界纺织服装产业发展的需要，参照欧盟等国家和地区的相关法律、法规及标准并结合本国国情，我国研究和制定了关于生态纺织品的技术法规、标准、标志、检测方法等文件，力求与国际先进水平同步发展。

20 世纪 90 年代，OEKO-Tex Standard 100 标准引起了我国政府的高度重视，国家市场监督管理总局、纺织标准化委员会分别组织有关部门开展针对该标准的深入研究工作，并取得了巨大进步。由参照该标准制定的生态纺织品标准，逐步发展到依据 OEKO-Tex Standard 100 标准的检测项目和限量标准参数制定我国的相关产品标准，并根据该标准的逐年修订更新标准内容，不断完善和提升我国的标准，保持与国际先进水平同步发展。例如，我国 2010 年 1 月 1 日批准实施的 GB/T 18885—2009《生态纺织品技术要求》标准，就是参照欧盟 OEKO-Tex Standard 100《生态纺织品标准》2008 年版的相关内容所制定的标准。

此外，我国在生态纺织品的限量技术标准及检测方法、国家强制性标准制定、评价体系、环境标志产品认证等领域都取得了重大突破。

我国已初步建立了生态纺织品的标准体系。在该体系中，对生态纺织品中环境污染和危害人体健康的有毒、有害物质等均有较为先进和完善的检验方法和标准。

对生态纺织品的绿色评价和绿色设计方法，目前国际、国内都还没有一个统一的通用方法，现行标准和限量标准主要是从环境识别角度及研究纺织服装产品对人体健康角度进行识别。而绿色设计要求对纺织服装产品生命周期的各个阶段——原料、加工生产、包装运输、消费使用、废弃回收全过程进行设计，同时

对产品的绿色性要求不仅要考虑环境要求，同时要考虑生态性要求。

随着我国纺织服装产业科学技术的迅速发展和企业环保意识的增强，资源和环境保护工作已成为企业提高市场竞争力和可持续发展的核心内涵，绿色设计也越来越受到重视，很多研究机构、高校乃至企业都积极加入绿色设计研究的行列中。

二、我国生态纺织服装绿色设计的必要性

（一）发展生态纺织服装产业的重要途径

1. 绿色设计是一个重要的发展趋势

目前以低污染、低排放、低能耗为基础的生态经济发展模式已经成为世界经济发展的主导，发展生态纺织服装产业，研发绿色生态纺织技术，促进绿色设计技术发展，构建资源节约型、环境友好型、生态发展型的现代纺织服装产业体系是我国经济发展的国家战略目标。

面对国内外对我国生态纺织服装产业的发展需求，我国传统纺织服装产业的发展道路难以为继，所以纺织服装产业结构调整和转型升级势在必行。转型，就是要转变纺织服装产业的传统发展方式，走企业创新驱动的发展道路，向绿色生态经济发展模式转变。转型升级就是要全面优化纺织服装行业的产业结构、技术结构、产品结构，实现在创新中促进产业发展。

在全球经济一体化形势下，我国必须构建以生态和节能环保为产业特征的生态纺织服装产业体系和低碳消费模式，为国内消费者和国际市场提供绿色、健康、安全的生态纺织服装产品。在纺织服装的生产消费全过程中，重视对环境的污染问题，引导消费观念的转变，倡导纺织服装产业以低能耗、低污染、低排放为目标，实现技术创新和可持续发展。

2. 创新发展绿色生态环保技术与国际接轨

我们必须认识到绿色设计对发展我国生态纺织服装产业的重要性和紧迫性，

积极采取有效的措施，加快与国际市场接轨。

当前国际纺织服装行业面临新的发展趋势，这主要表现在：一是纺织服装产品的绿色认证制度日益严格，如欧盟要求服装产品从原料获取到生产加工、销售、消费使用、废弃处理各阶段都须达到 ISO 9000 系列标准，纤维和服装产品必须贴上生态标签才允许进入欧盟市场；二是环境标志认证水平逐步提高，呈现国际化发展趋势。目前，世界经济发达国家均实行了环境标志认可制度，其中，以欧盟采用的 Eco-Label 纺织品生态标签最为严格，对产品的限制内容更加广泛和具体；三是生态纺织品的标准水平逐年提高，被检测和禁用的纺织化学品不断增加，现在欧盟颁布的 OEKO-Tex Standard 100 标准，修改期由两年缩短为一年以内，使我国的纺织服装行业出口受到影响；四是检验的设施和技术手段日益提高，大大提高了检测的标准，为发展中国家产品进口设置了更高的门槛。

（二）产业结构调整和技术创新是发展的基础

我国纺织工业发展规划中明确提出：按照“创新驱动的科技产业、文化引领的时尚产业、责任导向的绿色产业”发展方向，持续深化产业结构调整与转型升级，推动供给与需求的动态平衡，加大科技创新和人才培养力度，打造国际合作和竞争新优势，推动区域协调发展，建成若干世界级先进纺织产业集群，形成一批知名跨国企业集团和有国际影响力的纺织服装品牌，加快迈向全球价值链中高端，为巩固纺织强国地位并为我国实现制造强国、质量强国目标发挥重要作用。[①] 按规划要求，在我国生态服装产业由制造走向创造、由传统粗放经营方式走向生态经济发展模式的转化过程中，产业结构调整和提高企业自主创新能力是关键。

① 福建省纤维检验中心《纺织行业“十四五”发展纲要》[EB/OL].（2021-07-14）[2023-04-05]. http://www.ffii.com.cn/20210714165256.html.

我国纺织服装行业具有企业数量多、规模小、产能低、资源消耗大、高能耗、高污染的产业特征，在技术创新、新能源和节能减排技术应用方面距世界先进国家还有一定差距；自主品牌建设步伐滞后，提高产品附加值和完善产业价值链形势紧迫；节能减排和淘汰落后产能任务艰巨，先进技术推广和技术改造工作有待加强。所以，加快转变纺织服装业的发展方式，充分利用各种有利条件，大力推进产业结构的战略调整是极为重要的工作。

生态纺织服装业的发展，应以绿色设计为突破口，带动从上游到下游的产品质量和创新水平，包括从纤维原料的创新，应用高新技术和节能环保技术实现纤维素纤维、化学纤维、蛋白质纤维等新材料和新技术的创新；在生产技术领域，要重点解决面料开发、印染后整理、化纤仿真、织造等清洁化生产关键技术；在纺织服装加工生产方面，要加强数字化技术和信息化结合，实现机电一体化，为纺织服装产业的自动化、信息化打好基础。

发展生态纺织服装是为了满足消费者对安全健康纺织服装产品的需求，所以要重视绿色生态环保技术和绿色设计技术的开发和应用，积极采用新原料、新工艺，推进清洁化生产，采用节能减排新技术，开发有利于生态环境安全健康的生态纺织品。印染和后整理环节是对环境污染最严重的生产环节，应积极采用活性低盐染色、无水印花、喷射印花、等离子处理技术等新工艺。

我国在《生态纺织品技术要求》标准中，虽然在偶氮染料禁用、重金属、甲醛检测等方面都明确了检测标准，但在检测技术和检测手段等方面仍有待加强。因此，应加快引进国外先进的检测技术和方法，积极培养科技人才，加强科技资源的有效配置，增强国际交流合作，扩展检测验证服务领域，争取尽快和国外权威验证机构相互认可。

总体而言，创新驱动是加快我国纺织服装业在结构调整和产业升级方面的重要动力源。

第二节　我国生态纺织服装绿色设计路径

一、生态纺织服装绿色设计的发展对策

我国纺织服装业必须采取有力措施突破当前产业中的束缚。

（一）完善生态环保法律法规

欧盟、美国、日本等国的生态纺织品的生态标签制度是由一系列与纺织服装的质量标准、环境标志、检验方法等相关的法律法规的文件构成，具有法律的约束力和市场准入的法定效力。例如，欧盟的 Eco-Label 标志认证对生态纺织服装的生态质量要求是以生态纺织服装产品的生命周期的全过程为生态质量检验目标，即纺织服装从产品设计、原料获取、生产过程、包装运输、消费、废弃物回收处理等全过程进行生态性评价，对产品的市场准入提出了极高的要求。

目前，随着我国纺织服装产业的发展，生态纺织品标准化工作也不断得到完善和提高，逐步从单纯的产品标准向国际商贸的生态标准过渡，初步形成了以我国生态纺织技术标准为主体和多项生态环境标准为基础的生态纺织品生态体系，包括术语、符号、标志、标签、试验方法、合格审定、注册认可等与国际生态纺织品接轨的相关生态纺织品标准内容，对指导生产和对外贸易发挥了重要作用。

（二）加强建设国际化生态纺织品标准系统

在知识经济时代，标准化是国际经济发展的新形势，一个国家或行业的标准化水平是这个国家或行业综合科技实力的反映。

目前，我国纺织品和服装标准分为国家标准和纺织行业标准两类，是以产品为主，配以基础标准的纺织标准体系，与国际标准接轨较好，采标率达 80%。

近年来，我国生态纺织品标准化工作不断得到完善和提高，引进、吸收了一些国外先进的产品标准内容和检测技术及检测手段。例如，我国 GB/T 18885—2009《生态纺织品技术要求》是参照欧盟 OEKO-Tex Standard 100《生态纺织品》

标准 2008 年版制定的标准，但这种发展水平和我国世界第一纺织服装生产大国和出口大国的地位还很不适应，生态纺织品标准化建设滞后于生态纺织品产业的发展需求。因此，从生态纺织品行业来说，国际化生态纺织品标准的建设是一个系统的建设，是一个依靠多学科、多部门、多行业的密切配合，通过相关的法令、法规、标准、指令、审定程序等构成的综合性生态标准化系统。因此，我国应加快现行纺织服装的标准化体制改革，尽可能采用国际标准和国外先进标准，充分利用 TBT 协定对发展中国家的相关条款，制定保护我国特有资源和传统工艺产品的强制性标准和技术法规，对现行标准进行整合完善和提高，争取达到国际互认，并立法防止经济发达国家向我国转嫁污染工业和倾销劣质纺织服装产品。

（三）制定与完善环境标志认证制度

ISO 14000 国际标准已经成为纺织服装产品进入国际市场的“绿色通行证”。1996 年 10 月，国际标准化组织颁布可用于认证目的的国际标准 ISO 14001，该标准是 ISO 14000 系列标准的核心，该体系包括环境管理体系、清洁化生产、环境标志、生命周期分析等国际环境管理领域的主要问题。它要求通过建立环境管理体系来达到支持环境保护、预防污染、持续改进目标，并可通过第三方认证机构认证的形式，向外界证明其环境管理体系的符合性和管理水平。

由于 ISO 14001 的推广和普及发挥了协调经济发展和环境保护的关系，促进了企业环保事业，节约了资源，推动了科技进步，因此受到各国的广泛关注。

（四）加强国际合作

加强国际环境领域的合作，特别是与贸易伙伴国和产品目标国的合作，如相互信任、合作交流、相互承认环保措施和生态环境标准等。这种国际化的合作和交流有利于进一步完善与纺织服装业有关的环境立法，完善环保法规，促进环保技术发展，有利于积极参与国际环保和贸易的国际事务，充分利用国际贸易各种机制、方法和法律原则，争取平等、合理的权益，提高我国在国际环保立法和贸易谈判中的国际地位。

二、构建生态纺织服装产业产学研创新体系

我国传统纺织服装产业面临发达国家在产业链高端和发展中国家在产业链低端的双重竞争压力，纺织服装业的结构调整和转型升级势在必行。生态纺织服装产业产学研创新体系的构建是建立在企业、高校、科研院（所）科技资源整合的基础上，以市场运行机制为导向，紧紧围绕促进生态纺织服装科技与企业发展的结合，并以加强科技创新、促进成果转化和产业化为目标，以调整服装产业结构、转换机制、提高企业自主创新能力为目的的技术创新组织（图 5-2-1）。

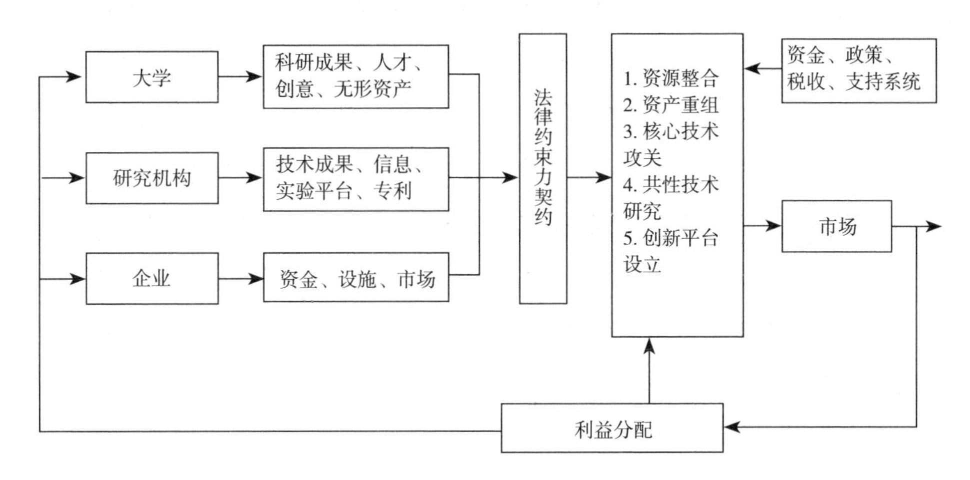

图 5-2-1 生态纺织服装产学研创新体系的构建模型

科技实践证明，我国重大的科技核心技术，共性关键技术 80% 是依靠产学研这种促进科技创新的形式完成的。同样，纺织服装产业所面临的绿色技术壁垒等核心技术和关键技术的突破也一定可以通过产学研创新体系来实现。

（一）产学研创新体系建设

产学研合作是我国生态纺织服装产业创新体系的核心，同时也是纺织服装产业坚持自主创新、重点跨越、支撑发展、引领未来发展原则的主要形式和实施基础。

1. 创新体系的主体建设

构建以纺织服装企业为创新主体、以市场为导向、产学研相结合的生态纺织服装产业创新体系是发展我国生态纺织服装产业的一项重要战略措施。

在经济全球化的形势下，我国要实现纺织服装产业的生态化，就必须把调整产业结构、转变经济增长方式、增强企业自主创新能力作为纺织服装产业的战略基点。在市场经济活动中，纺织服装企业是经济活动的主体，纺织服装生态化创新发展的本质是一个经济活动的过程，只有以企业为主体才能把纺织服装产业的生态化落到实处，才能真正反映市场的需求，实现以市场为导向的发展目标。企业成为生态纺织服装产业的创新主体，就是要求企业加大对生态纺织品的新材料、新技术、新产品的开发研究力量，成为生态纺织服装新产品和生态节能新技术创新活动的主体及对先进技术和创新研究成果应用的主体。

生态纺织服装产业产学研创新体系的构建可以有效地促进纺织服装产业核心竞争力的提升，围绕生态纺织品产业创新链中的绿色创新设计、原辅料的开发研究、新技术与新能源的应用研究开展集成创新，突破制约我国生态纺织品发展的关键技术，推动产业技术进步，实现生态纺织服装产业的科学发展。

2. 创新体系的支撑体系

大学和科研机构在产学研创新体系中的作用，主要是发挥在生态纺织服装科学方面的基础理论研究、应用研究、创意设计研究和对国际现代生态纺织品科学领域中的高新技术、新成果、新能源进行引进吸收消化再创新研究，作为创新体系提供人才、创意、新技术、新产品开发研究的依托和重要的技术支撑。

我国高等学校经过多年的发展，具备了比较深厚的技术积累和发展潜力。在生态纺织服装科学研究领域，这些学校在绿色设计研究、原辅料开发、新技术与新能源利用、信息化技术等方面均有大量创新研究成果涌现出来。在激烈的现代纺织服装产业发展市场竞争中，高等学校是支撑我国生态纺织服装产业可持续发展的基础。

生态纺织服装产业的发展是一项综合性的系统工程，涉及服装学、材料科学、能源科学、纺织印染、生产工艺、信息化科学、环境科学、市场学等学科领域。高等学校在创新体系中要发挥多学科协作的整体技术支撑作用，同时高校在主动为社会主义建设服务的过程中也必将对高校的教育改革、科技体制创新、人才培养模式创新产生积极的促进作用，对高等学校的学科和专业建设、科研和教学水平的提高提供了强大的动力。

科研院（所）在创新体系中发挥着创新骨干和引领作用，在生态纺织服装产业发展的创新链中，最薄弱的环节是共性关键核心技术的供给和成果的转移。生态纺织服装产业产学研创新体系的建设，一方面要按照生态纺织品产业链的发展规律来开展集成创新，突破制约产业发展的关键技术，实现创新要素的集成整合；另一方面要发挥科研机构科技创新平台的作用，实现资源共享和开放，通过科研机构的科技成果转化渠道加速科技成果转化为现实生产力的进程。科研机构将利用自身的优势支撑企业在生态纺织服装高端价值链的链接，为产业发展赢得技术和市场主动权。

（二）创新构建模式和运行机制

生态纺织服装产业创新体系的构建模式是保证创新体系成功运作的关键，也是发挥体系中的企业、高校、科研机构各自优势并能有效地实现资源整合的一种重要组织形式。

创新体系要确定清晰而明确的发展战略目标，在资源共享、优势互补、联合开发、风险共担的基础上，利用市场经济规则采取有效的方法和措施实现产学研创新体系各成员的经济和社会利益的最大化。

生态纺织服装产业产学研创新体系的运行机制要求创新体系的设立必须遵循市场经济的规则，体现国家生态经济发展的战略目标，满足企业的创新要求，同时对企业、高校、研究院（所）之间的创新要素实现合理而有效的资源配置和整合。

运行机制涉及创新体系中成员的选择、系统内部的分工协调和利益分配的机制及系统的管理制度、政策、法律等相关范畴。创新体系的构建要充分发挥政府的协调和引导作用，根据生态经济发展的要求，在政策上引导、资金上支持创新要素向创新体系集聚，从而推进产学研创新体系发展。

创新体系的构建是体系成员之间互相具有法律约束力的一种法律行为，各方的利益分配驱动和风险共担是创新体系保持长久、有效运行的重要杠杆。企业要在创新体系中加大科技投入、承担科研风险，尽快获得创新成果并取得市场效益。高等学校和科研院（所）通过创新体系的产学研合作获得更多的研究经费支持，达到多出、快出、出高水平科技成果的目标。

在创新体系的管理机制中，要有明确、公平、客观的利益分配规则和分配办法，从而保证各方的利益权益。在创新体系的内部对知识产权保护方面，要制定完善的管理条例和管理办法，保证各方面的知识产权受到保护。

三、创新体系的组织模式

我国生态纺织服装产业的创新发展需要建立在对重大节能生态环保技术突破的基础上，并且需要一个庞大的综合性学科的技术群体作为技术支撑。一个组织完善、功能齐备、运作高效的生态纺织服装产学研创新组织是实现这一目标的有效模式（图 5–2–2）。

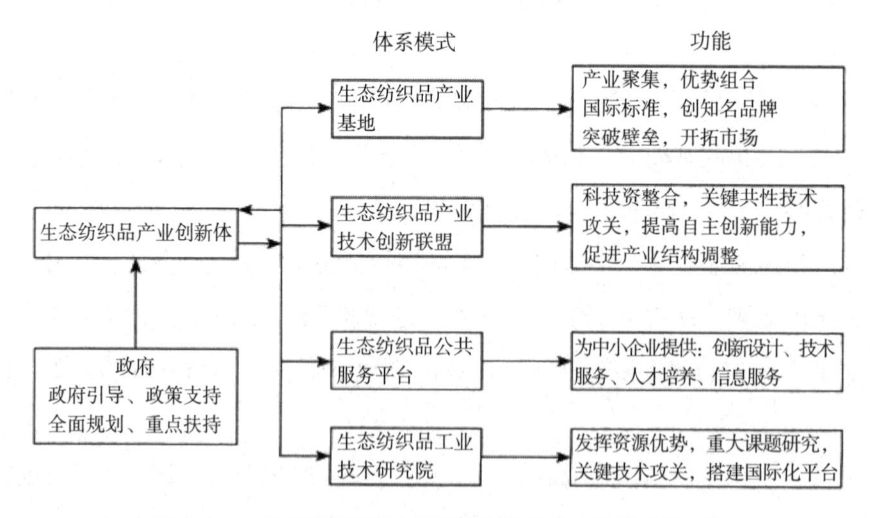

图 5–2–2　生态纺织服装产学研创新体系构建的模式及功能

（一）建设国际化合作平台

与发达国家相比，我国的生态纺织服装产业在各个领域还存在着一定的差距，为了学习国际先进的生产经营经验，可以建设国际化合作平台，与国际上知名的生态纺织服装产业进行交流与合作，互相沟通，在人才培养、学术交流、合作研究、联合开发等方面展开国际合作，引入新的理念、经验与技术，将其融入到自己的产业模式之中去，促进我国生态纺织服装产业的国际化发展。

（二）建设生态纺织服装产业创新基地

要创新生态纺织服装产业体系的组织模式，就需要打造一个与国际生态服装产业高度契合的纺织服装产业创新基地，遵循我国生态经济政策的指引，整合资源，优化产业布局，形成一个具有较高技术水平和创新能力的新型绿色环保服装产业集群。在基地内，以国际生态纺织品的生产规范、检测方法、质量标准、生态标准为指导，汇聚多家企业，将生态纺织的服装原料、面料、产成品、市场营销等联合起来，形成一个完整的国际标准生态纺织服装产业链，通过对生态纺织服装产业园区进行规划布局设计，建立“绿色”加工制造系统、“低碳”能源供给系统、“循环”物流管理系统、“健康”生活方式支持系统；借助基地的政策、产业和资金优势，建立一个包含企业、研究院（所）和高等学府组成的生态纺织服装产业创新链，为基地企业提供强有力的支持。

（三）建立产学研技术创新联盟

要建立产学研技术创新联盟，将产学研相互联系起来，旨在构建一个完整的产学研创新体系，以促进产学研三方合作，共同推动创新发展。这种新型产学研联合体，旨在促进生态纺织服装产业技术进步与创新能力提升，集中利用各种资源，突破技术瓶颈，增强我国生态纺织服装产业的核心竞争力。

（四）共建生态纺织服装技术创新平台

在生态纺织服装领域，企业与高校、研究院（所）携手共建生态纺织服装技术创新平台，整合资源与各种创新要素，充分发挥各自的优势，共同开展研究合作，致力于攻克生态纺织品所面临的低碳节能减排关键技术。

为满足国际生态纺织服装行业的发展需求，我们致力于与企业合作，共同研究制定生产控制、检测技术、质量标准等方面的规定，并不断引领中小型服装企业的生态经济发展，为生态纺织品行业和中小企业提供产业孵化、技术服务以及信息化的相关平台。

近年来，随着绿色消费理念的深入人心，纺织服装产业开始向“低碳”方向转型升级，国内消费市场对生态纺织服装产品的需求不断增长，要想在日渐激烈的生态纺织服装市场中赢得竞争优势，就需要加速产业结构调整和提升企业自主创新能力，走向生态经济发展之路。

第三节　我国服装绿色设计的应用案例

一、生态牛仔服装的绿色设计

生态牛仔服装的绿色设计是在传统牛仔服装设计基础上的继承和创新发展，生态牛仔服装绿色设计与传统设计的最大区别在于生态牛仔服装绿色设计除要求满足服装的实用功能、审美功能等基本功能以外，还应考虑到牛仔服装的环境属性、生态属性、可回收性、重复利用性等服装设计要素。这些功能需要通过设计师运用一定的思维形式、美学规律和科学设计程序，根据其设计构思创造出舒适、美观、安全、环保的生态牛仔服装。

（一）生命周期设计原则和依据

1. 设计原则

生态牛仔服装采用服装生命周期设计方法进行设计，一般应遵循以下四项原则：

（1）满足牛仔服装的功能性、实用性、审美性服装设计要求。

（2）重视服装的生态性、环境属性、可回收利用属性。

（3）坚持“5R”原则，即减少污染（Reduce）、节约能源（Ruse）、回收利用（Recycle）再生利用（Regeneration）、环保采购（Rejection）。

（4）牛仔服装的绿色设计是指在产品生命周期中，从原辅料获取、加工生产、消费使用和回收利用的全过程采用闭环控制系统的设计。

2. 设计步骤

（1）确定设计目标和标准边界：对牛仔服装整个生命周期进行设计，虽然可有效地降低生态环境的影响，但由于客观条件的制约，设计人员需要对所选系统的边界作出取舍，把重点放在产品生命周期的某些环节或工艺过程。

对生态牛仔服装绿色设计而言，服装原料获取和加工生产中成衣整理工艺是影响产品生态性的重点环节，关键环节必须达到相关产品标准要求和一定的技术水平，才能满足产品整个生命周期的绿色设计要求。

（2）设计要求与控制：需要确定牛仔服装的设计要求和目标，这些要求和目标决定了产品的最终设计方案。若产品定位于国内高端市场并要求产品取得绿色标志产品认证，则产品必须符合 GB/T 18885—2009《生态纺织品技术要求》和 HJ/T 307—2006《环境标志产品技术要求生态纺织品》标准，产品生产企业则应通过 GB/T 24002《环境管理体系》标准；若产品设计目标是出口欧盟并取得欧盟绿色标志产品认证，则产品必须符合 OEKO-Tex Standard 100《生态纺织品》标准，生产产品企业则应通过 ISO 14000《环境管理体系》认证和《生态纺织品标志》认证。

①性能要求：生态牛仔服装作为服装产品，应满足服装产品的实用功能、审美功能等服装的基本功能，与此同时把产品的生态功能作为设计要素进行考虑。因生态牛仔服装绿色设计采用生命周期设计方法，产品的生态性将贯彻到产品生命周期的各个环节，对产品基本功能也将产生重要影响。生态牛仔服装优良的基

本功能和生态功能的实现，必然要依靠先进的技术和设备来完成。

②环境要求：生态牛仔服装对环境的要求主要体现在尽量减少对资源的消耗（特别是不可再生资源）和最大限度地减少对环境的污染及对人体健康的危害。

一般而言，设定优于现行生态纺织品标准和环境法规环境标准是有益的，但这样将引来技术实现和成本增加等相关问题。因此，根据产品定位设定产品环境标准和企业环境要求是必要的。

③经济核算要求：生态牛仔服装绿色设计在满足了产品基本功能和生态功能后，还必须保证产品价格的优势，才能显示出绿色设计产品的优势。

在开发生态牛仔服装成本要求下，采用生命周期成本核算（Life Cycle Costing）的方法，计算出完整的经济核算，这样许多生态环境影响低的设计因素就会显示出经济上的优势。

④政策法规和标准要求：政策法规和标准要求是生态牛仔服装绿色设计的重要内容。目前，我国和世界许多国家一样，在生态环境、健康、安全等方面都制定了一些强制性的政策法规和标准，这些强制性法律法规和标准是企业产品设计、开发生产、市场营销必须遵循的市场准则，也是设计人员开展设计工作的原则。

在考虑政策法规及标准要求时，针对产品市场定位的差异性，须遵循目标市场所在国家或地区的政策法规和标准制定设计策略。

（二）设计的内容和计划

1. 设计内容和流程

生态牛仔服装的绿色设计程序分产品规划、产品设计、原料获取、加工生产、消费流通、回收处理等阶段（图 5-3-1）。

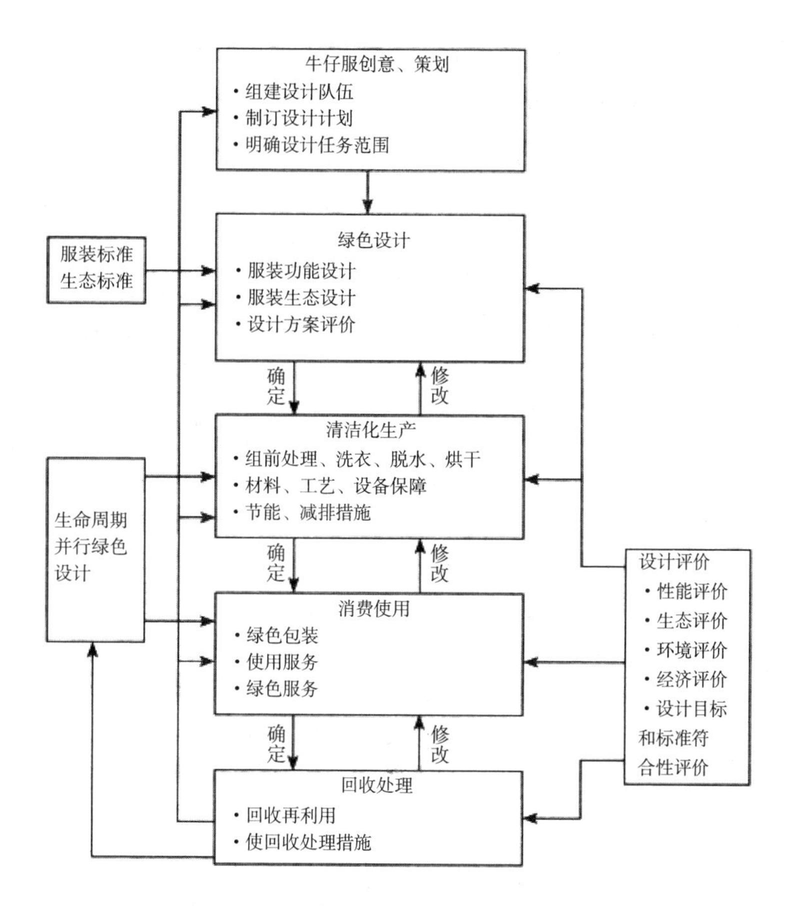

图 5-3-1　生态牛仔服装生命周期绿色设计流程

2. 产品规划

生态牛仔服装产品设计是一个战略性强、技术性高、艺术内涵丰富的创造过程，必须根据目标市场和消费对象来做产品规划。设计师必须明确定义目标客户的市场需求，对产品的市场、原辅料的来源和性能质量、成本核算及生命周期设计和后续设计程序中的设计要件作出相应规划。

在生态牛仔服装的绿色设计过程中，绿色设计的产品规划可以成立绿色设计小组，由企业自身组织服装设计师、产品研发人员、市场人员等完成，或借助外部力量共同完成。设计小组利用其专业知识和经验，以产品综合分析（GPA）为基础，经分析研究，利用定性和定量分析相结合的评估方法确定生态牛仔服装绿色设计因素并拟定绿色设计策略（表 5–3–1）。

表 5–3–1 生态牛仔服装设计规划

规划项目	绿色设计策略	执行标准或预期目标	备注
产品市场定位	根据目标市场和客户要求确定设计计划	执行 GB/T 18885—2009《生态纺织品技术要求》和 FZ/T 81006—2007《牛仔服装质量标准》及 HJ/T 307—2006《环境标志产品技术要求生态纺织品》标准	若出口产品应按进口国要求或按欧盟 OEKO–Tex Standard 100《生态纺织品》标准执行
功能设计	满足客户需求，设计要素创意符合绿色消费理念	以节约资源、减少消耗、满足功能、可回收利用、保护环境为设计目标	号型和成品规格按 GB/T 1335.1、GB/T1335.2、GB/T 1335.3 的规定选用
面料获取	掌握纤维生产和面料织造的生态环境信息，确定原辅料环境影响限量值和面料质量标准值	执行 GB/T 18885—200《生态纺织品技术要求》和面料质量相关标准	按 FZAT 13001 标准选用
加工生产	清洁化生产，减少噪声和废弃物对环境的污染，减少洗水后处理工艺及污水排放	执行 HJ/T 307—2006《环境标志产品技术要求生态纺织品》和 GB/T 24002《环境管理体系》标准	若出口产品应按进口国要求或按 ISO 14000《环境管理体系》标准执行
消费使用	减量绿色包装、绿色消费、DIY 设计、避免包装储运浪费	符合 GB/T 5296—1998《纺织品和服装消费品使用说明》标准要求	出口产品应取得“绿色环境标签”认证
回收处理	回收再利用、旧服改制，减少废弃物处理对环境的影响	符合《中华人民共和国环境保护法》和《固体废弃物防治法》等法规要求	出口产品应符合欧盟《包装及包装废弃物指令》要求

（三）产品设计

把牛仔服装整体造型设计和传统设计要素相结合，款式、色彩、面料设计作为设计基础。在设计过程中，对所需选择的牛仔服装面辅料的生态特性、环境特性、可回收再利用特性及产品加工环境条件等均作为设计阶段同等重要的设计要素进行考虑，使产品的功能性和生态性成为设计的整体。

1. 设计风格

生态牛仔服装设计创新思维的核心，是更关注消费者对生态环境和健康安全的消费心理感受及与周围环境的协调性，使生态牛仔服装的精神需求和物质需求更加融合。这种协调和融合就是沟通人与自然、人与社会、人与环境的一种创造性活动，是生态牛仔服装设计依据的出发点。

（1）自然、和谐、浪漫的传统牛仔风情。自美国西部牛仔服装的诞生到牛仔服装成为世界上流传最广、普及率最高的服饰产品之一，其自然、和谐、浪漫的时尚风格对广大牛仔服装消费者有着无穷的魅力。传统牛仔风格追求自由而洒脱、浪漫而自然的气质，是以与自然高度和谐为主要特征的服饰风格。

牛仔服装的经典斜纹布、皮标、铆钉、金属扣等设计元素。蓝色粗斜纹布、金属纽扣、铆钉、双弧缝纫线、皮标是牛仔服装独特的设计元素，每一个经典的牛仔标志都蕴含着独特的传统和个性化的特征，诉说着牛仔文化的历史，同时也让现代时尚呈现出豪放的气息。只有把这些独特的设计元素巧妙地应用在单品设计中，才能让人感受到牛仔文化的魅力。

（2）简约的田园风格。简约的田园风格牛仔服装是在汲取了传统牛仔服装理念并结合了民族服饰文化精髓的基础上，把生态服装设计的理念和精神贯彻到生态牛仔服装的设计中。设计中强调珍惜自然资源，引入生态环保的新材料及流行色彩，在款式上倡导简约、朴实、实用的服装形象。

（3）生态环保主义风格。在现代社会生活中，人们充分地享受到由于经济发展所带来的丰富的物质生活，同时也饱尝了由于资源过度开发所带来的环境恶化、空气污染、生态破坏的苦果。同样，人们对服装的追求也不仅局限于华丽的外在效果，而是倾向于与生态社会环境相适应，能充分展现生态牛仔服装舒适、安全、健康的服饰风格和艺术美感，进而形成了生态牛仔服装设计的服装风格特征。

（4）民族化时尚风格。牛仔服装有一百多年的发展历史，充分说明了牛仔文化与世界各民族文化在不断融合，在民族化的基础上不断创新发展使世界性和民族性达到和谐与统一，创造了牛仔文化与民族文化相融合的时尚。

（5）灵动组合风格。在生态牛仔服装设计中，充分利用资源和新材料、新技术、新创意，使服装有了更多的灵动空间和组合功能，可以更加有效地将牛仔服装的款式、结构、色彩的服用功能进行扩展和延伸。通过牛仔服装面料的选择、色彩设计、款式结构设计，使牛仔服装的品种突破了传统的局限，实现任意组合搭配和着装多样化，增加了服装的实用功能，达到生态环保绿色消费的实效。

2. 面料和辅料的选择

（1）面料的选择。生态牛仔服装面料的选择及运用是服装绿色设计中的重要设计环节。在生态牛仔服装设计要素中，色彩和材料两个要素是由所选用的牛仔服装面料来体现的。此外，款式造型性能、服装的生态环保性能、可回收再利用性能、成本因素及流行性等也需要由服装的面料特性来保证。

在生态牛仔服装绿色设计中，对原辅料的获取应充分考虑到原辅料与生态环境的影响因素信息。要了解包括纤维种植生产中的资源消耗、化肥农药、杀虫剂、除草剂等与环境影响的关系；合成纤维资源利用、能耗、三废排放等对生态环境的影响；在牛仔布织造过程中各生产环节对环境的影响；所选择的原辅料要符合 GB/T 18885—2009《生态纺织品技术要求》国家标准和纺织行业标准 FZ/T 81006—2007《牛仔服质量标准》的要求。

牛仔服装面料可分为成品服装制作面料和成品仿自然旧处理两种类型。现在，制作生态牛仔服装的面料不仅有传统牛仔服装的厚实斜纹和平纹面料，而且还有许多新型的薄型及针织型面料。

随着服装材料向高科技方向发展和人们生态环保意识的加强，大量低碳、低污染、低排放的绿色纤维、生态面料、环保面料在牛仔服装制作上得到广泛应用。

在生态牛仔服装设计中，常用的环保服装面料有：天然纤维面料、有机棉织物面料、彩色有机棉面料、麻纤维面料、蚕丝面料、有机毛绒面料、竹纤维面料、大豆蛋白纤维面料、天丝纤维面料、莫代尔面料等。

未来牛仔面料仍会以棉纤维为主体原料，混纺加入其他天然纤维原料和新型合成纤维，以改善牛仔面料特性、提高档次、满足消费者的个性化需求。

为了提高牛仔面料的服用性能和时尚消费需求，牛仔面料向着柔软、轻薄、透气、个性化方向发展，一些新型纤维材料的牛仔面料得到较大发展。例如，天丝纤维是近年来开发生产的可降解的新型生态纤维面料，其原料来源于木材，采用 NNMO 生产工艺，具有无毒、低污染、回收率可达 99% 的特点；莱赛尔（LyoceLL）是一种新型的再生纤维素纤维，其混纺牛仔面料增强了织物弹性、悬垂性和优良性能；Richcel 纤维是新型的纤维素纤维，混纺织成的 Richcel 棉弹力牛仔面料，具有柔滑、挺括、细腻的风格。

一般认为，棉、麻、毛、丝等天然服装面料是低碳环保服装面料，这种认识是不全面的。即使采用天然面料制作低碳牛仔服装，但在原料的生产、印染等工序中若因所使用的农药、化肥、溶剂、助剂、助染剂、印染材料等使用不当也可能造成污染，从而影响牛仔服装产品的环保和安全性能。

（2）辅料的选择。生态牛仔服装所采用的辅料和装饰配件也向着高科技、功能性、安全环保方向发展。生态牛仔服装设计中所采用的辅料包括里料、衬料、金属配件、纽扣、拉链、絮料等。辅料的选择应符合我国生态纺织品技术要求的标准和国际环保纺织协会制定的相关规定。

在生态牛仔服装绿色设计中，辅料设计应执行减量化法则。在保证服装功能设计的前提下，减少服装里料和衬料的使用，尽量通过服装的结构和面料设计来代替里料和衬料的用量。在金属配件、纽扣、拉链等应用上，应依照 GB/T 18885—2009 的要求来确定重金属含量、有毒有害物质的限量标准，并严格予以执行。

二、低碳服装的绿色设计

（一）服装设计风格的低碳化

在低碳经济时代，低碳环保的生活态度和绿色的生活方式已经成为时尚的潮流。在服装风格上舍弃繁复和奢华，追求自然和简约更能协调地表达出低碳服装的高雅格调和生态美，极简主义、解构主义、自然主义、环保主义、减量化设计等设计理念，对低碳服装的结构设计都产生了深远的影响。

20 世纪 90 年代，在全世界兴起的绿色消费浪潮和生态环保理念的冲击下，服装设计领域出现的新简约主义设计观更是充分体现出这种反对浪费资源、强调低碳环保和废物再利用的设计理念。

可见，低碳服装的风格特征不仅是生态经济社会的具象表达，而且蕴含着人们对服装文化本质内涵的追求，这种追求是构成服装设计风格低碳化的基础。在这种设计理念的影响下，服装设计师应该更多地关注服装本源的思考，用节省的材料和最简练的设计语言去展现低碳服装的美感，这在世界著名服装设计师的作品中都得到了充分的体现。例如，吉尔·桑德（Jil Sander）、乔治·阿玛尼等都是服装低碳化设计风格的代表。

（二）低碳服装材料的选择设计

低碳服装在消耗过程中产生的碳排放总量的高低与服装所选用的服装原材料有着极为密切的相关性，选用低碳、环保、可循环再利用的原材料，可以有效地降低碳排放的总量。

近年来，随着低碳经济发展和纺织科学技术的进步，新原料、新设备、新技术、新产品都在不断地得到开发利用，为低碳服装材料的选择提供了更广阔的发展空间。

低碳服装材料的选择设计是服装低碳化的基础，这不仅要求材料应具有良好的服用功能，同时要求在产品生命周期中二氧化碳排放量低，即具有资源利用率高、能源消耗低、环境影响小、对人体健康无危害、可回收利用或自动降解等低碳服装材料特性。因此，对材料的选择设计一般采用“5R”原则。

低碳服装的材料选择通常是在设计初期决定的，原辅料的选择基本上决定了低碳服装的功能性、生态性、经济性等服装产品构成要素，同时也是对整个产品生命周期中各环节的生态环境和二氧化碳排放量产生重要影响的关键环节。

根据低碳服装材料的来源、种类、生产方法、用途的不同，可将其分为绿色天然纤维素纤维、生物工程技术纤维、绿色人造纤维素纤维、新型再生蛋白质纤维、新型合成纤维、旧服改制及废料利用六大类。

（1）绿色天然纤维素纤维。具有服用功能性强、生态环保、可回收再利用、碳排放量低等特点，包括有机棉、不皱棉、丝纤维、毛纤维、竹纤维、麻纤维、桑皮纤维等。

（2）生物工程技术纤维。具有天然纤维特点、不染色、节约资源、节能、减排、采用现代生物工程技术生产，包括转基因棉、彩色棉、天蚕丝、基因彩色蚕丝、彩色兔毛、无染色羊毛等。

（3）绿色人造纤维素纤维。采用新型溶剂法生产，具有减少污染、资源丰富、低碳环保、可再生循环利用等特点，包括黏胶纤维、天丝纤维、莫代尔纤维、再生麻纤维、再生竹纤维等。

（4）新型再生蛋白质纤维。具有天然纤维良好的服用性能、节能环保、碳排放量低、可循环利用等特点，包括再生植物蛋白纤维（玉米、大豆、花生蛋白纤维等）、再生动物蛋白纤维（牛奶、蚕蛹蛋白纤维等）。

（5）新型合成纤维。采用环保节能技术生产，功能优于天然纤维、低能耗、低排放、高附加值，包括超细纤维、细特纤维、仿生纤维等。

（6）旧服改制及废料利用。旧废服装经过清洗、消毒、重新设计成新产品，或者利用废料重新设计成新产品再利用，实现低碳环保、节约资源的低碳设计目标。

随着现代纺织科技的发展，低碳服装材料不再局限于天然纤维类的棉、毛、丝、麻等纤维面料，各种经高新技术生产的低碳纤维服装材料以其低碳环保、穿着舒适等优良特性受到人们喜爱。例如，利用基因工程技术生产的彩色棉，避免了纺织印染工艺中使用的大量染料、助剂等化学原料对生态环境的污染和材料的腐蚀，不仅具有低碳环保特征，而且在纤维强度、韧度等功能特征方面均优于天然棉纤维。

同样，天丝纤维材料是一种不经化学反应而直接采用溶剂溶解方法生产的新一代再生纤维素纤维材料。天丝纤维具有良好的服用特征，强度大、悬垂性好、光泽度高、透气吸湿性好并且具有资源丰富、可生物降解等低碳纺织材料的特点。莫代尔纤维也是一种采用山毛榉木浆粕为原料制成的低碳纺织材料，但价格低于天丝纤维，应用更为广泛。

（三）低碳服装的色彩设计

色彩设计是低碳服装绿色设计的重要环节之一。在低碳服装的色彩中，色感是通过低碳服装面料的质感和肌理来体现的，并与着装的环境有着相互衬托、相互融合的统一关系。因此，在低碳服装产品的生命周期中，色彩设计是最能营造低碳服装艺术氛围和价值的关键设计环节。

同时，色彩设计与各环节的低碳排放指标又密切相关，无论是原辅料的选择，还是后期的印染、整理、加工等生产工序，都和低碳服装的碳排放有关。例如，低碳服装所用的染料品种、有毒有害物质含量、生产加工节能减排状况等与低碳服装的色彩构成都有着极为密切的相关性。

低碳服装的色彩设计直接反映了低碳经济社会下人们的精神风貌和追求低碳环保的价值观念，人是服装和色彩设计表现的主体，色彩设计是以人为本来表现人体的美和精神气质的。低碳服装的色彩设计与服装款式结构、线条以及面料的原料、肌理、花型、感观等都有着密切关系。色彩设计必须围绕低碳服装设计主题，运用配色美学的原理和艺术手法来考虑服装色彩组合的面积、位置、秩序的总体协调效果，设计出与人和低碳社会环境相匹配的服装色彩，以表达出人们对审美的追求和对绿色生态环境的和谐向往，这是低碳服装色彩设计的重要文化内涵。

低碳服装色彩设计的应用原则如下：

（1）视觉美感与实用功能协调、统一的配色原则。在低碳服装的审美中，最有视觉冲击力的是服装的色彩。以人为本的色彩设计表现的是人们在绿色和低碳浪潮下的觉醒，借助服装的色彩来展示真正低碳生活的美感。

（2）色彩与低碳环境和谐发展的原则。低碳服装的色彩是以人的生理和心理的共同需求为基础，在其生活环境下自然发展形成的。这里的低碳环境包括自然环境和社会环境。

色彩与低碳环境和谐发展的原则要求，低碳服装无论是材质的自然本色或经印染加工所形成的色彩，都必须符合低碳服装的生态技术标准和环境标准。

低碳服装的色彩是与市场需求密切相关的。随着低碳服装市场的发展，低碳服装色彩更加注重与现代审美意识的结合，融合现代时尚，把握流行色彩潮流，使低碳服装的色彩设计成为市场竞争的重要手段之一。

此外，低碳服装的色彩通过材料的并置与组合运用，可以直观地体现服装的色彩特点和风格特征。在低碳服装配色设计中一般采用同种色配置、邻近色配置和对比色配置三种基本配色设计方式。同种色系配置是利用同一色系的面料之间的配置形成色彩的明度层次，也可利用不同面料质感进行调节，使之产生丰富的视觉效果。

（四）生产过程低碳化

利用先进的生产工艺技术进行清洁化、高效化生产，降低服装的生产时间和能源消耗，提高原料的利用率，是产品实现低碳化的重要措施之一。

在新技术的支持下，服装生产企业需要对生产加工环节进行技术革新，采用新技术、新设备，开发生产新型低碳面料、染料、助剂等，严格控制生产环节的污染和温室气体排放。在生产和原料储存环节，应最低限度地使用防腐剂、防霉剂、防蛀剂等化学制剂；纤维原料的织造过程应减少各种氧化剂、催化剂、增白剂、去污剂等化学助剂的使用；在印染环节，严禁使用偶氮染料，严格控制甲醛和重金属离子的污染；采用绿色包装技术，采用绿色可降解、可循环利用的包装材料，树立企业低碳化产品形象。

（五）消费促销一体化

服装消费环节是资源和能源消耗的重要环节，也是控制碳排放的重要环节之一。树立正确的低碳消费观，不仅是生产者的责任和义务，也是消费者绿色消费、低碳生活态度的需求。低碳服装绿色设计应发挥指导和引领作用。指导作用是指低碳服装产品应向消费者提供正确的低碳消费信息，包括使用、保养、洗涤、储存及废旧服装回收等方法，并应以明显的信息标志告知消费者，进而指导消费者的低碳消费行为。引领作用是指低碳服装绿色设计应发挥普及低碳消费理念，促进产品市场开发的引领作用。低碳服装绿色设计应在广大消费者中普及宣传绿色消费理念，根据纺织服装行业特征和低碳服装产品特点引导消费者科学消费，并且应在消费环节开展多样化促销活动，让消费者充分认知低碳服装产品的附加价值，唤起消费者的低碳消费热情。

参考文献

[1] 瞿才新 . 纺织材料基础 第 2 版 [M]. 北京：中国纺织出版社，2017.
[2] 蒋耀兴 . 纺织概论 [M]. 北京：中国纺织出版社，2005.
[3] 刘树青 . 中国纺织的历史记忆 [M]. 北京：中国纺织出版社，2012.
[4] 张世源 . 生态纺织工程 [M]. 北京：中国纺织出版社，2004.
[5] 田文主 . 纺织产品生态安全性能检测 [M]. 北京：中国纺织出版社，2019.
[6] 朱美芳，许文菊 . 绿色纤维和生态纺织新技术 [M]. 北京：化学工业出版社，2005.
[7] 樊理山，张林龙 . 纺织产业生态工程 [M]. 北京：化学工业出版社，2011.
[8] 于涛，曹小燕 . 纺织用染化料性能评价及检测 [M]. 北京：中国纺织出版社，2019.
[9] 程朋朋 . 纺织服装产品检验检测实务 [M]. 北京：中国纺织出版社，2019.
[10] 施亦东 . 生态纺织品与环保染化助剂 [M]. 北京：中国纺织出版社，2014.
[11] 盛莹莹 . 基于绿色设计理念的儿童服装设计探究 [J]. 西部皮革,2023,45（5）：100–102，106.
[12] 丁明飞 . 合唱指挥肢体语言的艺术性塑造 [J]. 宿州教育学院学报，2019，22（4）：55–57.
[13] 王诤，李玉成，杜鹦瞳，等 . 生态时代绿色服装设计探究 [J]. 中原工学院学报，2022，33（1）：13–18.
[14] 宋婷 . 服装设计中的绿色可持续发展研究 [J]. 西部皮革，2021，43（18）：53–54.
[15] 陈汉东 . 生态时代视角下绿色服装设计阐述 [J]. 轻纺工业与技术，2021，50（8）：123–124.

[16] 郑晓敏 . 生态纺织材料在现代服装中的应用及趋势研究 [J]. 黑龙江纺织，2021（1）：12–14.
[17] 王大鹏 . 生态纺织材料在现代服装中的应用 [J]. 化纤与纺织技术，2021，50（3）：56–57.
[18] 赵林 . 生态纺织体系对可持续发展的影响 [J]. 纺织科学研究，2020（7）：74-76.
[19] 佳慧，丁雪梅，吴雄英 . 构建我国生态纺织工业园区评价指标体系的思考 [J]. 印染，2018，44（23）：42–45，53.
[20] 官江明，黄岩 . 生态纺织纤维的开发与应用 [J]. 中国新技术新产品，2019（9）：72-73.
[21] 田孟阳 . 基于绿色设计理念的服装创新设计研究 [D]. 天津：天津科技大学，2020.
[22] 李仪 . 基于绿色理念下的智能童装设计研究 [D]. 无锡：江南大学，2018.
[23] 纪兆伟 .“绿色”理念下环保面料在现代服饰中的设计应用研究 [D]. 青岛：青岛大学，2017.
[24] 蔡安琪 . 生态理念在现代女装设计的运用研究 [D]. 武汉：武汉纺织大学，2017.
[25] 马瑜鸽 . 生态服装设计应用研究 [D]. 武汉：武汉纺织大学，2017.
[26] 张悦 . 绿色设计理念在现代女性服饰设计中的应用研究 [D]. 成都：四川师范大学，2015.
[27] 王En晨 . 服装设计中环保材料应用的重要性 [D]. 天津：天津科技大学，2014.
[28] 伊人 . 绿色服装设计与创新研究 [D]. 苏州：苏州大学，2011.
[29] 赵琪 . 基于 DIY 理念下的绿色服装设计研究 [D]. 郑州：中原工学院，2011.
[30] 王珏 . 服装绿色设计理论及评价体系的研究 [D]. 青岛：青岛大学，2005.